"十一五"国家重点图书出版规划项目

数学文化小丛书

李大潜　主编

走近高斯

Zoujin Gauss

周明儒

高等教育出版社·北京
HIGHER EDUCATION PRESS　BEIJING

图书在版编目（CIP）数据

数学文化小丛书. 第2辑：全10册 / 李大潜主编. -- 北京：高等教育出版社，2013.9（2024.7重印）
ISBN 978-7-04-033520-0

Ⅰ.①数… Ⅱ.①李… Ⅲ.①数学－普及读物 Ⅳ.①O1-49

中国版本图书馆 CIP 数据核字（2013）第 226474 号

项目策划	李艳馥	李 蕊				
策划编辑	李 蕊	责任编辑	张耀明	封面设计	张 楠
责任绘图	宗小梅	版式设计	王艳红	责任校对	王效珍
责任印制	存 怡				

出版发行	高等教育出版社	购书热线	010-58581118
社 址	北京市西城区德外大街4号	咨询电话	400-810-0598
邮政编码	100120	网 址	http://www.hep.edu.cn
印 刷	保定市中画美凯印刷有限公司		http://www.hep.com.cn
开 本	787 mm×960 mm 1/32	网上订购	http://www.landraco.com
总 印 张	28.125		http://www.landraco.com.cn
本册印张	3	版 次	2013 年 9 月第 1 版
本册字数	52 千字	印 次	2024 年 7 月第 11 次印刷
插 页	1	定 价	80.00 元

本书如有缺页、倒页、脱页等质量问题，请到所购图书销售部门联系调换
版权所有　侵权必究
物料号　12-2437-45

数学文化小丛书编委会

顾　问：谷超豪（复旦大学）
　　　　项武义（美国加州大学伯克利分校）
　　　　姜伯驹（北京大学）
　　　　齐民友（武汉大学）
　　　　王梓坤（北京师范大学）
主　编：李大潜（复旦大学）
副主编：王培甫（河北师范大学）
　　　　周明儒（徐州师范大学）
　　　　李文林（中国科学院数学与系统科
　　　　　　　　学研究院）
编辑工作室成员：赵秀恒（河北经贸大学）
　　　　　　　　王彦英（河北师范大学）
　　　　　　　　张惠英（石家庄市教育科
　　　　　　　　　　　　学研究所）
　　　　　　　　杨桂华（河北经贸大学）
　　　　　　　　周春莲（复旦大学）

本书责任编委：周春莲

数学文化小丛书总序

整个数学的发展史是和人类物质文明和精神文明的发展史交融在一起的。数学不仅是一种精确的语言和工具、一门博大精深并应用广泛的科学,而且更是一种先进的文化。它在人类文明的进程中一直起着积极的推动作用,是人类文明的一个重要支柱。

要学好数学,不等于拼命做习题、背公式,而是要着重领会数学的思想方法和精神实质,了解数学在人类文明发展中所起的关键作用,自觉地接受数学文化的熏陶。只有这样,才能从根本上体现素质教育的要求,并为全民族思想文化素质的提高夯实基础。

鉴于目前充分认识到这一点的人还不多,更远未引起各方面足够的重视,很有必要在较大的范围内大力进行宣传、引导工作。本丛书正是在这样的背景下,本着弘扬和普及数学文化的宗旨而编辑出版的。

为了使包括中学生在内的广大读者都能有所收益,本丛书将着力精选那些对人类文明的发展起过重要作用、在深化人类对世界的认识或推动人类对世界的改造方面有某种里程碑意义的主题,由学有专长的学者执笔,抓住主要的线索和本质的内容,由浅入深并简明生动地向读者介绍数学文化的丰富内涵、数学文化史诗中一些重要的篇章以及古今中外一些著名数学家的优秀品质及历史功绩等内容。每个专题篇幅不长,并相对独立,以易于阅读、便于携带且尽可能降低书价为原则,有的专题单独成册,有些专题则联合成册。

希望广大读者能通过阅读这套丛书,走近数学、品味数学和理解数学,充分感受数学文化的魅力和作用,进一步打开视野,启迪心智,在今后的学习与工作中取得更出色的成绩。

李大潜
2005年12月

目 录

一、出身清贫　自幼聪颖 ················· 2

二、公爵资助　奋发求学 ················· 6

三、大学阶段　成绩斐然 ················ 13

四、两大成就　一举成名 ················ 23

五、知恩图报　留在家乡 ················ 32

六、迭遭打击　战胜磨难 ················ 34

七、测绘地图　发明创造 ················ 41

八、理论探索　创新学科 ················ 45

九、全新领域　崭新成就 ················ 49

十、家事难言　世事难料 ················ 55

十一、老有所为　死而后已 ··············· 59

十二、科学遗产　精神财富 ··············· 71

参考文献 ··························· 84

数学发展史上最伟大的数学家之一、有"**数学王子**"之称的高斯(Johann Carl Friedrich Gauss,1777—1855),曾被人赞誉为"**能从九霄云外的高度按照某种观点掌握星空和深奥数学的天才.**"高斯的数学思想是那样的深邃,以至在他生活的时代,几乎找不到什么人能够分享他的想法或向他提供新的观念.直到今天,能够真正理解高斯的人恐怕也为数不多.但如果认真地回顾高斯的一生,走近高斯,就可以看到他不仅仅是一位数学大师,而且是一个在天文学、物理学、测地学、地磁学等领域作出重大贡献的出类拔萃的科学巨人;高斯的令人崇敬,主要并不在于他是一个天才,而在于他一生的刻苦勤奋,在于他做到了很少有人能够做到的将理论、应用和发明完美地结合.

一、出身清贫　自幼聪颖

1777年4月30日,高斯出生在德国古城不伦瑞克(Brunswick). 在17世纪初,不伦瑞克还是能跟汉堡和阿姆斯特丹相媲美的贸易中心,后因市民暴动和1618—1648年欧洲30年战争的破坏而衰落. 1671年它并入不伦瑞克-沃尔芬比特尔(现德国下萨克森州)公爵领地,1673年成为该领地的首府. 在18世纪,它像其他德国城邦一样,经济政治状况落后于正处于资本主义蓬勃发展中的英国和法国. 高斯降生时,不伦瑞克的统治者是一位久经沙场的贵族费迪南德(C. W. Ferdinand)公爵,他按传统的封建方式管理领地,农业为其主要的财政来源,并保护组织起来的个体织匠抵制纺织机械的使用. 他虽未实行义务教育,但其大多数臣民都能识字并掌握一些初等算术知识. 至于社会下层有天赋的儿童要想获得高等教育,则非有贵族、富商或其他有影响的保护人资助不可.

高斯的父母受教育不多,但其父格布哈德·迪特里希·高斯(Gebhard Dietrich Gauss, 1744—1808)能够读写并且知道初等算术,做过园林工人、运河工人、街道小贩(street butcher)和丧葬社(funeral society)的会计;母亲多罗西娅·本茨(Dorothea Benze,

图1 高斯出生的地方
（摄于1884年，二战中毁于炮火）

1743—1839）出身在石工家庭，聪慧善良，不会写并且几乎不会读，婚前曾在一个贵族家当过几年女仆. 格布哈德的原配于1775年去世，次年续弦娶了多罗西娅，高斯是他们的独子. 多罗西娅生前最后的22年都和高斯一起住在哥廷根天文台旁，母子相伴，直至96岁谢世. 1810年，高斯在给后来成为他第二任妻子的米娜·沃尔德克的信中曾提起他的父母："我父亲非常忠厚，许多方面都值得别人敬重；但在家里他非常专制、粗鲁、暴虐……我的母亲是个非常善良的女性，我非常敬重她."

高斯幼年时的生活跟当时一般市民家的孩子雷

同.因父母为生计奔波,小高斯有时无人照料,据说在他三四岁时,曾坠入离家不远的运河,几乎溺死.

高斯自幼就对数字特别敏感.他3岁那年夏天的一个星期六,在泥瓦厂当工头的父亲正要给工人发放薪水时,突然小高斯站起来说:"爸爸,你弄错了",并说了另外一个数目.原来,趴在地板上的他也一直在暗暗跟着计算.经过检查,证明小高斯是对的,周围的大人们都惊得目瞪口呆.成年后的高斯说,在他学会说话之前就会计算了.

7岁时高斯进了圣·凯瑟琳小学,大约9岁那年,老师比特纳(J. G. Büttner)在课上叫学生们"写下从1到100的整数,然后把它们加起来",高斯很快就把自己课堂练习的石板交到了老师的讲桌上,上面只写了一个数字5050.老师要他解释怎么得到这个结果的,他说:"100+1=101,99+2=101,98+3=101,等等,这样的数对共有50个,因此答案是50×101,或5050."比特纳立刻意识到他再也不能教高斯什么了,便从汉堡邮购了一本较深一些的算术课本给高斯学习.当时任比特纳助手的巴特尔斯(J. M. Bartels,1769—1836)只比高斯大8岁,酷爱数学(后到俄国喀山大学任教授,是非欧几何创立者之一罗巴切夫斯基的老师),更能了解和帮助高斯,对高斯的数学才能也特别器重,他们常在一起讨论问题.

让子女多读书并非当时工人阶层的风尚,高斯读小学时,父亲就经常要他晚上到织布机上去织亚麻布.高斯的父亲不想让儿子继续读中学,他也不知道如何去筹措足够的钱来供高斯读书.比特纳和巴特尔斯找到高斯的父亲对他说:"我们一定能够找到一个有钱有势的人来赞助这样的天才."

1788年,高斯不顾父亲的反对进了家乡的Catharineum高等学校(相当于现在的中学),这里班级的编排还算正规,但课程颇显陈旧,而且过分强调古典语言特别是拉丁语的教学.由于当时的人文学科特别是科学经典都是用拉丁文写的,期望在学术上深造的高斯便充分利用学校的条件攻读拉丁语,不久成绩就名列前茅.高斯原来只会本地方言,在这里他学会了使用高地德语(路德翻译圣经用的那种德语,即现在的标准德语).至于数学,老师看了高斯的第一次作业,便认为他已没有必要上该校的数学课了.

二、公爵资助　奋发求学

经巴特尔斯介绍，高斯认识了本地卡洛琳学院（Brunswick Collegium Carolinum）的教授齐默尔曼（E. A. W. Zimmermann）. 1791 年，齐默尔曼教授向不伦瑞克公爵费迪南德引荐了天才少年高斯. 公爵接见高斯时为他的朴实和腼腆所动，欣然应允资助高斯的全部学业. 从此高斯在经济上得以独立于父母，其父也不再反对他继续深造.

1792 年高斯进入卡洛琳学院（图2）. 这所学校与一般大学不同，它由政府直接兴办和管理，目标是培养合格的官吏和军人，在德国各城邦的类似学校中属于最优秀之列，其教学强调科学方面的科目.

高斯在校的三年间，全身心地投入学习和思考，他最喜欢的学科是数学和语言. 三年里他阅读了数学的一些经典著作：牛顿（I. Newton,1642—1727）的《自然哲学的数学原理》，欧拉（L. Euler,1707—1783）的代数与分析著作，拉格朗日（J. L. Lagrange,1736—1813）的若干论著，以及雅各布·伯努利（Jacob Bernoulli, 1654—1705）的《猜度术》等，并获得了一系列重要的发现：

研究素数分布，猜测出素数定理（1792）；考虑了几何基础问题，即平行公设在欧几里得几何中的地位（1792）；发现算术-几何平均和一些幂级数的联系（1794）；发现最小二乘法（1794）；由归纳发现数论中关于二次剩余的基本定理，即二次互反律（1795）.

图2　卡洛琳学院

在这一时期，贯穿高斯一生研究风格的一个重要方面已趋成熟：不停地观察和进行实例剖析，从经验性质的研究中获得灵感和猜想.

以他对素数的研究为例：

和其他孩子一样，高斯最早接触的数就是自然数. 一个大于1的自然数，如果除了本身和1以外没有其他的因数，则称为素数（或质数，例如 2, 3, 5, 7, 11），否则称为合数（例如 4, 6, 9, 15）. 任何一个大于1的自然数，都可以表示成素数的乘积，如果不考虑这些素数在乘积中的次序,这种表示法是唯一的(例如 $63=3\times3\times7$). 这也叫做**算术基本定理**. 早在公元前4世纪, 欧几里得就用反证法证明了素数有无穷多个, 那么这无穷多个素数在自然数中究竟是如何分布的? 有没有规律呢? 这个问题从古希腊就有人研究, 但没有令人满意的答案. 如果以 $\pi(x)$ 表示不超过自然数 x 的素数的个数, 可以得到下面的结果:

表1　不超过自然数x的素数个数

x	$\pi(x)$	x	$\pi(x)$
5	3	80	22
10	4	90	24
20	8	100	25
30	10	500	95
40	12	1 000	168
50	15	5 000	669
60	17	10 000	1 229
70	19	1 000 000	78 498

显然, 随着 x 的增大 $\pi(x)$ 也在增大, 虽然看不出它们之间有明确的函数关系式, 但人们希望找到这样的表达式, 并且与 $\pi(x)$ 的误差越小越好.

高斯大约15岁时, 仔细研究了瑞士数学家兰伯特 (J. H. Lambert, 1728—1777) 发表的素数表, 从中寻求素数分布的规律. 他把自然数每一千个分成一组, 譬如从 1 到 1 000, 1 001 到 2 000 等等, 再用兰伯特的素数表统计每组里素数的个数,记为$D(x)$,例如:$D(1\,000)=\pi(1\,000)$,$D(2\,000)=\pi(2\,000)-\pi(1\,000)$,等等,得到下表:

表2　10 000以下素数的分布

x	$\pi(x)$	$D(x)$
1 000	168	168
2 000	303	135
3 000	430	127
4 000	550	120
5 000	669	119
6 000	783	114
7 000	900	117
8 000	1 007	107
9 000	1 117	110
10 000	1 229	112

高斯也用其他的分组法,譬如从 100 到 100 000 为一组等. 经进一步研究,并和各种简单的函数比较后,他发现,平均说来 $D(x)$ 和 x 的自然对数 $\ln x$ 成反比. 这可以通过比较 $D(x)$ 和 $\dfrac{1}{\ln x}(x\geqslant 2)$ 的图像看出来(参看图3和图4)

注意到计算 $\pi(x)$ 可以转化为计算 $D(x)$ 的和,例如:

$$\pi(5\,000) = D(1\,000) + D(2\,000) + \\ D(3\,000) + D(4\,000) + D(5\,000),$$

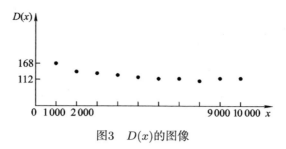

图3　$D(x)$ 的图像

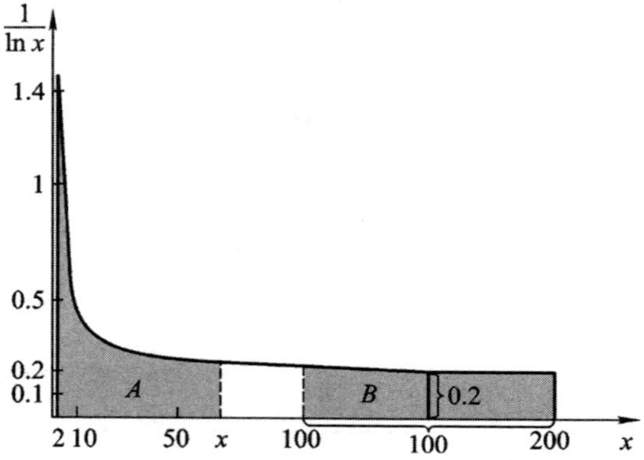

图4　$\dfrac{1}{\ln x}$ 的图像

而根据定积分的几何意义, 求和运算可以通过定积分来表示, 1792 年, 15 岁的高斯猜想 $\pi(x)$ 大概等于 $\displaystyle\int_2^x \dfrac{1}{\ln n}\mathrm{d}n$, 即有

$$\pi(x) \approx \int_2^x \dfrac{1}{\ln n}\mathrm{d}n. \tag{1}$$

定积分 $\displaystyle\int_2^x \dfrac{1}{\ln n}\mathrm{d}n$ 等于图 4 中标有字母 A 的阴影

部分的面积, 而标有字母 B 的阴影部分的面积则为 $\int_{100}^{200} \frac{1}{\ln n} dn$. 注意到 B 近似为一个以 100 为底, 0.2 为高的矩形, 其面积约为 20; 另一方面, 按照 (1) 式计算, 有

$$\int_{100}^{200} \frac{1}{\ln n} dn \approx \pi(200) - \pi(100) = 21,$$

可见二者相近, 稍有误差.

1796 年, 奥地利数学家 Vega 发表了 400 031 以下的素数表, 高斯经过检验, 增强了对自己这一猜测的信心. 此后不断有更新的素数表问世, 它们也证实了高斯猜测的可靠性. 但高斯并非盲目地接受这些数表, 而是用取样的方法, 以其非凡的计算能力来检验这些数表的正确性. 他仔细检查了 100 万以下的素数, 指出了这些数表中的一些错误 (见 1849 年高斯写给天文学家 Encke 信中的回忆). 高斯还由 (1) 式出发, 利用微积分导出了近似公式

$$\pi(x) \approx \frac{x}{\ln x}. \tag{2}$$

他认为 (2) 式不如 (1) 式好, 因为误差比 (1) 式要大. 但 (2) 式比较简单, 现通称为**素数定理**, 也常写成

$$\lim_{x \to \infty} \frac{\pi(x) \ln x}{x} = 1. \tag{3}$$

素数定理告诉我们, 当 n 充分大时, 前 n 个正整数中的素数大约有 $\frac{n}{\ln n}$ 个, 亦即大约占 $\frac{1}{\ln n}$.

高斯当时没有对其猜想给出严格的证明,1850年,俄国数学家切比雪夫（П.Л.Чебышев,1821—1894）证得

$$\frac{\ln 2}{3} \cdot \frac{x}{\ln x} < \pi(x) < 6\ln 2 \cdot \frac{x}{\ln x}.$$

1896年,法国数学家阿达马(J. S. Hadamard,1865—1963)和比利时数学家普桑(C. de la vallee-Poussin)运用复变函数的理论几乎同时独立地证明了素数定理. 1949年,挪威数学家塞尔贝格(Selberg)和匈牙利数学家厄尔都斯（艾狄胥）给出了既不用复变函数也不用微积分的证明.

三、大学阶段　成绩斐然

1795年,18岁的高斯进入哥廷根大学.哥廷根大学是乔治-奥古斯塔-哥廷根大学(Georg-August-University of Goettingen)的简称,为英皇乔治二世于1734年委派其重臣在哥廷根创办,1737年向公众开放.乔治原为德国王子,是英国王室的近亲,因为安妮女皇没有子嗣继承王位而被请去担任英国国王,兼任德国汉诺威大公.乔治创办大学的动因旨在弘扬欧洲启蒙时代学术自由的理念,哥廷根大学也因此一开欧洲大学学术自由的风气.创办之初,该校就设有神学、法学、哲学、医学四大经典学科,尤以自然科学和法学为重.18世纪,哥廷根大学因其极为自由的科学探索精神和氛围,加之拥有数量极丰的图书而居于德国大学的中心地位,到1812年已发展成为一所有25万册藏书、海内外公认的现代化大学.

高斯入学时的哥廷根大学,学生无必修科目,无指导教师,无考试和课堂的约束,无学生社团,完全在自由的学术环境中成长,将来从事什么职业也由学生自己抉择.入学初期,高斯对于将来是做数学家还是语言学家尚存犹豫.在授课教授中,给高斯印象最深的是大哲学家、文豪海涅(C. G. Heyne),而

图5　哥廷根大学

不是数学家卡斯滕纳（A. G. Kästner）. 1795年10月到1796年3月,高斯在学校图书馆借阅了25本书,仅有5本科学著作(其中有数学家兰伯特和拉格朗日的书),其余皆属人文学科,包括一本《瑞典文法》和3本瑞典文的游记. 高斯对将来从事职业的犹豫可能主要还是出于经济方面的考虑,因为当时人文学家比科学家的待遇好,虽然公爵给高斯的补贴暂时消除了经济压力,但无法预料能够持续多久,高斯当然更想能够尽早自立.

　　转折点是在他快满19岁的1796年3月30日,他解决了二千多年来无人攻克的难题：只用圆规和没有刻度的直尺作正十七边形. 从此高斯真正认识了自己的能力,决心研究数学,但其终身未改对语言和文学的爱好.

1898年偶然在高斯的孙子的财产中发现了一本笔记,高斯称之为 Notizen journal（日志录, 现通称"科学日记"）, 在这本19页8开本的笔记里, 高斯用拉丁文简要地记录了自己在1796年3月30日到1814年7月9日期间的146条新发现, 有数值计算的结果, 也有简单的定理. 其中第一项就是:"圆的分割定律, 如何以几何方法将圆分成十七等分". 还有在哥廷根大学读书期间的一些重要成就:

1796年4月严格证明了二次互反律这一数论中的重要定理; 1797年3月发现在复数域中双纽线积分具有双周期, 10月, 证明了代数基本定理.

高斯十分看重 **"以几何方法将圆分成十七等份"** 的发现, 他曾对大学同学且通信长达50年之久的好友、匈牙利数学家 F. 波尔约（Farkas Bolyai, 又名 Wolfgang Bolyai, 1775—1856）说, 他的墓碑上要刻一个正十七边形. 不过后来在不伦瑞克的高斯纪念塔上刻的是一个十七个角的星, 因为雕刻工说正十七边形刻出来几乎和圆一模一样。

1796年6月1日, 高斯投稿给预告已获学术成果的期刊《文献新知》, 公布了这一发现. 这样做是他一生中的第一次也是唯一的一次. 他写道:

"每一个初学几何的人都知道, 我们可以作正三角形, 正五边形, 正十五边形, 以及将这些图形的边数加倍的图形. 欧几里得时代已达到这一境界, 而让人觉得基础几何学似乎就到此为止, 我还不知道有人成功地突破过这条界线.

所以我以为这个发现具有特殊的意义,那就是说除了这些正多边形外,还有一些可以几何作图的,譬如正十七边形.这个发现只是一个有丰富内容的定理的一个推论,而这个定理尚未臻完善,一旦完成就会公开发表.

高斯, 不伦瑞克

哥廷根大学数学系学生"

文中提到的"这个发现只是一个有丰富内容的定理的一个推论",这个定理就是五年后的 1801 年他在数论的划时代著作《算术研究》中给出的下述定理.

高斯定理 对奇数 n,正 n 边形能用直尺和圆规作出来的充分必要条件是:n 为一个费马素数,或者是若干个不同的费马素数的乘积.

所谓费马素数是指形如

$$F_n = 2^{2^n} + 1, \ n = 0, 1, 2, \cdots$$

的素数. 1640 年,费马在给梅森的一封信中断言,这样的数一定是素数. 后人把它们称为费马素数. 易知

$$F_0 = 3, \ F_1 = 5, \ F_2 = 17, \ F_3 = 257, \ F_4 = 65537$$

它们确为素数,但 100 年后欧拉指出 $F_5 = 641 \times 6700417$ 并非素数,而且人们发现 F_6, F_7, F_8 也不是素数. 迄今人们还只知道 F_0 到 F_4 这 5 个费马素数,因此又有人猜测: 费马素数只有有限个. 但对此也未证明. 令人惊讶不已的是, 高斯指出的尺规作图

的充分必要条件表明:一个使无数人绞尽脑汁,两千多年未能解决的难题,竟与费马的一个猜错的猜想相关联.

根据上述高斯定理,3 和 5 是费马素数,正三边形和正五边形能够尺规作图;而 7 不是费马素数,所以正 7 边形不可能尺规作图;同样,正 11 边形、正 13 边形也不能尺规作图. 至于正 9 边形,由于 $9=3\times3$ 是两个相同的费马素数之积,因此也不能尺规作出. 17, 257, 65537 都是费马素数,高斯用尺规作出了正 17 边形,后来 Richelot 作出了正 257 边形,Hermes 教授花了十多年的心血研究了正 65537 边形,其成果现保存在哥廷根数学研究院.

关于正 n 边形能否尺规作图的问题,只需讨论 n 为奇数的情形. 这是因为任何一个正整数都可以写成 $2^m k$ 的形式,其中 k 是奇数,$m=0, 1, 2, \cdots$;而能否用尺规作正多边形相当于能否用尺规等分圆周,只要能作正 k 边形,将它每条边所对的圆弧等分,就可作出正 $2k$ 边形,从而也可作出 $2^m k$ 边形. 因此,上述高斯定理已彻底解决了这个问题. 高斯证明了这个定理的条件是充分的,并断言此条件也是必要的. 关于定理条件必要性的证明,最早由 P. L. Wantzel (1814—1848) 于 1837 年给出. 1846—1870 年间,伽罗瓦 (É. Galois, 1811—1832) 理论逐渐公开,利用伽罗瓦理论可以简捷地证明定理条件的必要性.

所谓**代数基本定理**,是说每个代数方程都至少有一个根. 由此便可推知,每个 n 次代数方程有 n 个根. 当然,在讨论代数方程的根时,首先要明确方程中的未知量是在什么范围里取值的. 例如方程 $x+1=0$ 在整数范围里有一个根 $x=-1$, 而在正整数范围里就没有根; 方程 $x^2-2=0$ 在实数范围里有两个根 $x=\sqrt{2}$ 和 $x=-\sqrt{2}$, 而在有理数范围里就没有根; 方程 $x^2+1=0$ 在实数范围里没有根, 但在复数范围里有两个根 $x=\mathrm{i}$ 和 $x=-\mathrm{i}$. 代数基本定理所说一个 n 次代数方程有 n 个根, 是在复数范围里讲的, 方程的系数和未知量均为复数.

复数是形如 $z=x+\mathrm{i}y$ 的数, 其中 x 和 y 是实数, i 称为虚数单位, $\mathrm{i}^2=-1$. x 称为复数 z 的**实部**, 记为 $\mathrm{Re}\,z$; y 称为复数 z 的**虚部**, 记为 $\mathrm{Im}\,z$. 实部为 0 虚部不为 0 的复数称为**纯虚数**; 而虚部为 0 的复数就是实数.

如果两个复数 z_1 和 z_2 的实部和虚部分别相等, 则称它们相等, 记为 $z_1=z_2$.

一个复数对应一对实数 (x,y), 从而可以和平面上坐标为 (x,y) 的点相对应 (图6). 由于 x 轴上的点对应实数, 故称它为**实轴**; y 轴上 (原点除外) 的点对应纯虚数, 故称它为**虚轴**, 这样的平面称为一个**复平面**. 全体复数可以和复平面上的点建立一一对应的关系.

在复平面上, 一个复数也对应了一个从坐标原点到点 (x,y) 所引的向量. 如图 6 所示, x 轴正向到向量 $\overrightarrow{Oz}$ 的夹角 φ 称为复数 z 的**辐角**, 它可以有无穷多个值, 其中每两个值相差 2π 的整数倍, 但只有一个值属于区间 $[0,2\pi)$, 称它是**辐角的主值**, 记为 $\arg z$. $\overrightarrow{Oz}$ 的长度 ρ 称为复数 z 的**模**, 记为 $|z|$. 因

此有
$$\rho = |z| = \sqrt{x^2+y^2},$$
$$\operatorname{Re} z = x = \rho\cos\varphi,$$
$$\operatorname{Im} z = y = \rho\sin\varphi.$$

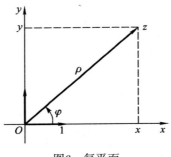

图6 复平面

从而复数除了可用代数式 $z=x+\mathrm{i}y$ 表示外,还有三角表示式
$$z = \rho(\cos\varphi + \mathrm{i}\sin\varphi).$$

利用著名的欧拉公式:
$$\mathrm{e}^{\mathrm{i}\varphi} = \cos\varphi + \mathrm{i}\sin\varphi,$$

即得复数的指数表示式
$$z = \rho\mathrm{e}^{\mathrm{i}\varphi}.$$

称复数 $z=x+\mathrm{i}y=\rho\mathrm{e}^{\mathrm{i}\varphi}$ 和 $\bar{z}=x-\mathrm{i}y=\rho\mathrm{e}^{-\mathrm{i}\varphi}$ 互为**共轭复数**. 一元二次方程 $ax^2+bx+c=0(a\neq 0)$ 当 $b^2-4ac<0$ 时,它的两个根就是一对共轭复数.

方程 $z^n = 1$ 的 n 个根为

$$z_k = e^{ik\frac{2\pi}{n}}, \quad k = 0, 1, 2, \cdots, n-1.$$

在复平面上它们是以坐标原点为中心、1 为半径的单位圆周上的点,将圆周 n 等分,其中 z_0 在实轴上.

根据代数基本定理,在复数范围里可以把 n 次多项式通过因式分解写成 n 个一次式的乘积. 例如:

$$\begin{aligned}
& x^4 + 2x^3 + x^2 - 2x - 2 \\
= {} & (x-1)(x^3 + 3x^2 + 4x + 2) \\
= {} & (x-1)(x+1)(x^2 + 2x + 2) \\
= {} & (x-1)(x+1)(x+1-i)(x+1+i).
\end{aligned}$$

上述关于数的认识现在已属常识,但是在欧洲,直到 16 世纪,著名代数学家韦达 (F. Viète, 1540—1603) 在其著作中还回避负数,到了高斯所处的年代,复数概念尚未被数学界认可,而高斯则远远地走在了前面. 他不仅在解决正 17 边形尺规作图问题时用到了复数,并且利用复数证明了代数基本定理;他不仅采用复平面直观地表示了复数,还进一步将复数 $z = x + iy$ 以纯逻辑方式表示为数对 (x, y).

1798 年秋,高斯应费迪南德公爵的要求回到家乡,并于 1799 年 7 月 6 日接受了赫尔姆施泰特 (Helmstädt) 大学的哲学博士 (Ph. D) 学位,名义上的导师是当时德国最负盛名的数学家普法夫 (J. F. Pfaff, 1765—1825). 高斯在哥廷根求学期间曾访问过普法夫教授,和他相处甚欢.高斯的第一篇科学论文,也就是他的博士论文"每一个单变量的有理整代数函数都可分解为一次或二次式的定理的新证明",就是1799年8月在公爵资助下发表于赫尔姆施泰特大学的.

高斯这篇论文的意义不仅是证明了代数基本定理,还在于他并未具体去构造代数方程的解,而是在论文中用了一种纯粹的存在性证明,这类证明此后在数学中大量涌现.他的证明虽然必须依赖复数,但因当时的数学家仍在就什么是虚数争论不休,所以高斯从头至尾避用虚数,只在直角坐标平面上将论及的函数分为实部和虚部分别加以讨论,只字未提复数的几何表示法.论文中有一些迹象表明,高斯知道他的证明虽然比前人严密得多,但在逻辑上并非完全无懈可击,因为他把连续函数的一些性质视为是天经地义自然成立的.这些性质后来才由捷克数学家波尔查诺(A. B. Bolzano, 1781—1848)首先证明.对严密性的要求甚为彻底且绝不妥协的高斯,此后又给出了代数基本定理的另外三个证明(1815, 1816, 1849),最后一个证明是为庆祝他获博士学位50周年而作,其中修订了他的博士论文,公开运用了复数,因为他说:"现在大家都认清了复数是什么."

对严密逻辑推理的追求是高斯的又一个突出的研究风格,也是他区别于18世纪大部分数学家的一个主要特征.18世纪的数学处于因微积分的创立而促成的分析学蓬勃发展的时代,数学家们往往只注重结果和应用而不顾及推理的严密.高斯则强调数学作为一门严谨的科学,必须追求明确的概念、清晰的条件、严格的证明以及成果的系统化,倡导了延续至今的现代数学传统.

四、两大成就 一举成名

19 岁到 24 岁是高斯学术创造力最旺盛的时期,在这 6 年里,他提出的猜想、定理、证明、概念、假设和理论,平均每年不少于 25 项,其中最辉煌的两项成就都出自 1801 年,一项是出版了被集合论的创始人康托尔(G. Cantor,1845—1918)称之为"**数论的宪章**"的《算术研究》;另一项是准确预报了谷神星的运行轨道.

关于《算术研究》

高斯在 1795—1801 年间对自然数研究的丰硕成果大部分都收集在其成名作《算术研究》中. 在这本也是由费迪南德公爵资助出版的著作的开始,高斯写道:"献给我最尊崇的君上,费迪南德王子阁下,不伦瑞克及纽伦堡的公爵." 然后他说,没有公爵的善心相助,"我将不可能完全地把自己献身给数学,而数学是我一直热爱的."

《**算术研究**》用拉丁文写成,在当时,拉丁文是科学界的世界语. 该书共分七部分:一般同余,一次同余,幂剩余,二次同余,二次型式,应用,分圆. 这部开创现代数论的伟大著作,阐述了同余理论,开创了复整数理论（高斯复整数是实部和虚部均为整数的复数）和型的理论. 高斯标准化了记号, 系统化并推广了已有的定理, 把要研究的问题和解决问题的已知方法进行了分类, 还引进了新的方法.

"同余"是数论中的一个基本概念. 如果整数 a 与 b 的差能够被整数 m 整除, 则称 a 与 b 模 m 同余. 高斯首创以符号 $a \equiv b\ \text{modulo}\ m$ 记之, 也简记为

$$a \equiv b (\mathrm{mod}\ m). \qquad (1)$$

例如 15 与 10 模 5 同余, -4 与 18 模 11 同余, 可分别记为

$$15 \equiv 10 (\mathrm{mod}\ 5),\ -4 \equiv 18 (\mathrm{mod}\ 11).$$

而 $24 \equiv 0(\mathrm{mod}\ 3)$ 则表示 24 被 3 整除. 由定义, (1) 式也相当于说存在某个整数 k, 使得 $a - b = km$.

同余的概念在现实生活中常常遇到. 例如, 如果两个日期相距的天数能被 7 整除, 也就是它们关于 7 同余, 就有相同的星期几. 2009 年 10 月 1 日是星期四, 要问 2049 年 10 月 1 日是星期几? 只需注意到 $365 \equiv 1(\mathrm{mod}\ 7)$, 因此每经过一个平年, 星期数向后推 1, 如果是闰年则应向后推 2; 2009 到 2049 年之间有 30 个平年、10 个闰年, 星期数共需后推 30+20=50, 而 $50 \equiv 1(\mathrm{mod}\ 7)$, 所以只需后推 1, 即 2049 年 10 月 1 日是星期五. 如果再注意到世纪年 (100 整数倍的年份) 只有能被 400 整除时才是闰年的历法规定, 我们就可以自己编制"万年历"了.

形如

$$ax \equiv b(\mathrm{mod}\ m) \qquad (2)$$

的同余式称为**一次同余式**，它相当于等式

$$ax - my = b,$$

其中 a, b, m 为已知整数，x, y 为未知整数. 这类方程也称为丢番图方程. 丢番图（A. G. Diophantus，约246—330）是以寻求不定方程的整数解问题而著称的希腊数学家.

高斯给出了一次同余式有解的充分必要条件，他还研究了**二次同余式**

$$x^2 \equiv a(\mathrm{mod}\ m),$$

证明了**二次互反律**这一数论中的重要定理：

设 p 和 q 是相异素数，则一对同余式

$$x^2 \equiv q(\mathrm{mod}\ p) \quad 及 \quad x^2 \equiv p(\mathrm{mod}\ q)$$

同时可解或同时不可解，唯一的例外是当 p 和 q 被 4 除都余 3 时，两个同余式一个可解而另一个不可解.

例如：23 和 13 互素，以 4 除时，23 余 3，13 余 1，二次同余式 $x^2 \equiv 13(\mathrm{mod}\ 23)$ 和 $x^2 \equiv 23(\mathrm{mod}\ 13)$ 都有解 $x = 6$；

5 和 17 互素，以 4 除时它们都余 1，二次同余式 $x^2 \equiv 17(\mathrm{mod}\ 5)$ 和 $x^2 \equiv 5(\mathrm{mod}\ 17)$ 都不可解；

23 和 11 互素，以 4 除时它们都余 3，二次同余式 $x^2 \equiv 11(\mathrm{mod}\ 23)$ 不可解，而 $x^2 \equiv 23(\mathrm{mod}\ 11)$ 有解 $x = 10, 21$ 等.

高斯称上述定理是二次剩余理论的基本定理,是**"算术中的宝石"**. 虽然欧拉和法国数学家勒让德(A. M. Legendre, 1752—1833)在具体计算中也先后发现了它,但都没有给出证明. 高斯是自己通过计算,做了一个巨大的素数表、二次剩余表以及用循环小数表示且附上整个循环节的分数$\frac{1}{n}$表,其中n从 1 到 1 000, 然后找出它们与分母n之间的关系,最终引导他在 1795 年发现了二次互反的规律. 这是一项无比繁复的工作,因为$\frac{1}{n}$的循环节最长是$n-1$位(例如$\frac{1}{3} = 0.\dot{3}$的循环节是 1 位, $\frac{1}{7} = 0.\dot{1}4285\dot{7}$的循环节是 6 位),因此,对于大的$n$, 为了找出循环节, 高斯不得不手算好几百位小数. 例如他把$\frac{1}{811}$算到小数点后822位,最后的几位是用来核对前面计算是否正确的.

1796 年 4 月 8 日,高斯在其科学笔记上记载了他得到二次互反律的一个完整的证明. 证明很长,包含八种不同的情况,而推理也很生硬. 一生都要求自己的工作务必如同艺术品一样完美的高斯, 后来又先后给出了这个定理的七个证明. 二次互反律有多种表达形式, 下面是其中之一:

设p和q为相异奇素数, 记$m = \frac{p-1}{2} \times \frac{q-1}{2}$, 若$m$是偶数,则当且仅当$x^2 \equiv p(\bmod q)$有解时, $x^2 \equiv q(\bmod p)$有解;若m是奇数,则当且仅当$x^2 \equiv p(\bmod q)$无解时, $x^2 \equiv q(\bmod p)$有解.

在《算术研究》的最后一节"分圆"中,高斯把前面的结果应用到同余式 $x^n \equiv 1(\mathrm{mod}\ p)$ 上,其中 p 为素数,n 为自然数. 利用该式和方程式 $x^n-1=0$ 的关连,就可解决分圆和正 17 边形尺规作图的问题,也就是说,同余式 $x^n \equiv 1(\mathrm{mod}\ p)$ 将算术、代数和几何紧密地联系在一起. 一部《算术研究》就像是由七个乐章组成的交响曲,不同的主题在最后达到了完美和谐的交融.

应当指出,中国古代学者对同余问题曾有过深入的研究. 中国农历的干支纪年就是模 60 同余;古代算书《**孙子算经**》中的"物不知数"问题:"今有物不知其数,三三数之剩二,五五数之剩三,七七数之剩二,问物几何?"实际上相当于求解一次同余式组

$$x \equiv 2(\mathrm{mod}\ 3),$$
$$x \equiv 3(\mathrm{mod}\ 5),$$
$$x \equiv 2(\mathrm{mod}\ 7).$$

特别是南宋数学家秦九韶(约 1202—约 1261)在他于 1247 年写成的代表作《**数书九章**》中,明确、系统地叙述了求解一次同余方程组的一般方法——"**大衍总数术**",并将它用来解决历法、工程、赋役和军旅等实际问题. 这种方法用现代符号表示即为:

设有一次同余组

$$N \equiv R_i(\mathrm{mod}\ a_i), \quad i = 1, 2, \cdots, n,$$

其中模数两两互素,记 $M = a_1 a_2 \cdots a_n$,$G_i = \frac{M}{a_i}$($i=$

$1, 2, \cdots, n$),只要求出一组数k_i满足

$$k_i \cdot G_i \equiv 1 (\mathrm{mod}\ a_i), \quad i = 1, 2, \cdots, n,$$

就可得到该同余组的最小正数解为

$$N = (\sum_{i=1}^{n} R_i k_i G_i) - pM,$$

其中p为一整数.

"大衍总数术"中的关键部分,就是关于数组k_i($i = 1, 2, \cdots, n$)的计算方法,秦九韶称这些数为"乘率",并把自己发现的求乘率的方法称为"**大衍求一术**".

可以证明,秦九韶的算法是完全正确且十分严密的,虽然他本人并没有给出这一证明. 500年后,欧拉(1743)和高斯(1801)分别对一次同余组进行了详细研究,重新独立地获得与秦九韶"大衍求一术"相同的定理,并对模数两两互素的情形作了严格的证明. 1876年德国人马蒂生指出秦九韶的方法与高斯算法是一致的,因此关于一次同余组求解的剩余定理被称为"**中国剩余定理**"(可参看[7]p. 167—169).

关于谷神星的发现

1801年元旦,意大利天文学家比雅次(G. J. Piazzi,1746—1826)在西西里岛的首都天文台观察到在白羊座附近有光度八等的星移动,这颗星在天

空出现了41天、扫过八度角后就没了踪影.当时天文学家无法确定它是彗星还是行星,因此成为学术界关注的焦点.

天文学家们希望利用 41 天来的观测资料,设法确定它的轨道,以便进一步观察,但就这些资料不可能套用人们已经知道的公式来求出这颗星的轨道.

在当时,人类已经知道太阳系中的行星有水星、金星、地球、火星、木星、土星以及 1781 年 Herschel 发现的天王星. Herschel 确定天王星位置的方法是假设其轨道是一个圆,这种办法在当时很流行.有人也用抛物线来推测彗星的轨道,结果也很理想.当时人们已经知道,行星、彗星的轨道是圆锥曲线,圆的离心率为 0, 抛物线的离心率为 1, 当离心率介于 0 和 1 之间时,轨道为椭圆.对于椭圆的情形,欧拉、拉格朗日、拉普拉斯(P. S. Laplace,1749—1827)等人都讨论过,但他们的方法都太繁杂,并且也无法利用短期的一点观测资料来确定天体的整个轨道.对于比雅次发现的这颗新星,观测到的数据显示其离心率在 0 与 1 之间,但想就用这么一点资料来确定它的轨道究竟是什么,大家对此一筹莫展,甚至连拉普拉斯这样的天体力学大师也认为这一类问题是不可能解决的.

高斯曾研究过月球运动的轨道、自转等问题,因此对比雅次发现的这颗新星非常感兴趣,他很快找到了一个相当有效的方法,根据天文学家提供的少量观测数据计算出这颗现被称作谷神星(Ceres)的小行星的星历表（即该星某时某刻的位置表）. 1801年12月7日晚，当时德国最著名的塞堡(Seeberg)天文台台长、天文学家察赫（F. Zach）第一个在高斯预报的位置上重新观测到它，1802年元旦又被奥尔伯斯（W. Olbers, 1758—1840）找到. 奥尔伯斯是一个白天当医师晚上观察天象的学者，他一共发现过两颗小行星和六颗以上的彗星，后来成为高斯的好友.

小行星谷神星的发现在当时还是个哲学问题. 德国著名哲学家黑格尔（G. W. F. Hegel, 1770—1831）认为，他可以用逻辑方法证明太阳系的行星一定恰好是七颗，不多也不少. 他还写文章嘲讽天文学家说，不必那么热衷去寻找第八颗行星. 但事实胜于雄辩，行星和小行星一个接一个地被发现了：继谷神星之后，1802年奥尔伯斯发现了Pallas小行星，1804年哈丁（Harding）找到了Vesta小行星. 如今，人们已经知道在火星和木星之间有一个数以千计的小行星带，直径765公里的谷神星是其中最大的一个.

高斯一生都对天文学情有独钟. 1803年，他在给F. 波尔约（F. Bolyai, 1775—1856）的信中说："天文学和纯粹数学，从现在起将是我灵魂的指南针所永久指向的两极." 高斯对天文学的研究，既有实际观测，又有理论探讨. 1801年他自制了六分仪，在此后的50年生涯中，他对辛苦而长久的天象观测毫无厌倦，并乐此不疲地做出冗长而累人的计算. 1851年7月28日，时年74岁的高斯还最后一次观看了日蚀. 高斯在计算谷神星的轨道时, 用了他在超几何级数及算术—几何平均方面的研究成果, 也应用了拉普拉斯的方法. 此后, 高斯不断改进自己的新算法, 并用来计算其他小行星的轨道. 他只用 10 个小时就算出了 Vesta 小行星的轨道, 并且可以在一小时内算出彗星的轨道. 欧拉 28 岁时曾用了三天时间计算一颗彗星轨道而导致右眼失明, 高斯说:"如果我用那个方法算上三天, 我两只眼睛都会瞎掉."

五、知恩图报 留在家乡

《算术研究》奠定了高斯在数学界的地位,而确定谷神星的运行轨道则使高斯不仅在数学界而且在科学界一举成名,这两大成就也使高斯赢得了国际上的声誉. 1802 年初,圣彼得堡科学院推选高斯为外籍院士,同年 9 月又邀请他出任圣彼得堡天文台台长. 但高斯出于对公爵意愿的尊重,对祖国和家乡的热爱,同时,公爵不仅提高了对他的奖助金,还打算为他在不伦瑞克修建小天文台以创造更好的工作条件,因此高斯留在了家乡,一生中也很少远离哥廷根.

在家乡等待的 1802—1803 年间,高斯拜访过奥尔伯斯和察赫,讨论了天文和大地测量问题. 奥尔伯斯为杜绝圣彼得堡良好的工作条件对高斯的引诱,提议由高斯出任正在筹备中的哥廷根新天文台的台长(1804 年此建议得到哥廷根方面的确认). 1804年底,经奥尔伯斯的介绍,高斯结识了当时在一家商业机构任职、后来成为第一流理论与实用天文学家的贝塞尔(F. W. Bessel, 1784—1846),并和他维持了终身的通信. 后来高斯回忆说:"奥尔伯斯在天文学上有非常大的贡献,但最大的贡献却是他及时发现了贝塞尔在天文学上的天赋,说动他、鼓励他为科学献身."

1803年,高斯认识了一位制革商的独生女约翰娜·奥斯多夫(Johanna Osthff,1870—1809),在交往一年后,高斯写了一封充满罗曼蒂克气息的求婚信,三个月后约翰娜才答应.这既是当时女孩应有的矜持,也有对婚后彼此间思想鸿沟如何缩小的考虑. 1804年底订婚后,高斯在给好友 F. 波尔约的信中说:"三天之前,这位世上难逢的天使成了我的未婚妻……我的生命前程就像一个充满了奇光异彩的永恒的春天."约翰娜标致媚人的气质是所有认识她的人一致赞赏的,可惜她的照片没有流传下来. 1805年10月9日高斯完婚,圣彼得堡又再次邀请高斯前往,费迪南德公爵可能受此影响再次提高了给高斯的津贴,因此高斯婚后的经济情况更加改善. 1806年5月,高斯拜望公爵,面谢公爵最近给他的加薪,未料这次会面竟成了他与公爵的最后诀别.

图7　高斯(1803年)

六、迭遭打击 战胜磨难

1806年8月21日,高斯的长子约瑟夫(Joseph)降生了,他以谷神星的发现者比雅次的名字作为孩子的教名(高斯六个孩子中有四个都是用行星的发现者作为教名的),但喜不自胜的高斯很快就遭到了难以承受的打击.

自1789年法国大革命后,德法之间爆发了多次短期战争. 为扼制拿破仑在中欧的扩张,德国最主要的部分普鲁士决定加强跟法国的对抗. 1806年10月14日,曾任普鲁士将军的费迪南德公爵率领普鲁士和萨克森军在奥尔施塔特(Auerstadt)与法军战斗,不幸被毛瑟枪击中,受了重伤,双目失明. 11月10日,71岁的公爵与世长辞. 恩公的突然去世给高斯的身心带来了极大的伤痛,他也从此失去经济来源,必须完全靠自己的努力来维持生计.

1807年7月25日,高斯正式受聘为哥廷根大学天文学教授兼天文台主任. 11月他携全家迁往哥廷根,此后在那里一直工作到老.

刚到哥廷根,高斯就在经济上遇到了极大的难题. 根据1807年的Tilsit条约,原属汉诺威公国的哥廷根被割让给法国,成为新的西伐利亚(Westphalia)公国的一部分(1814年汉诺威公国复辟后,哥廷根才摆脱法国统治),政府对哥廷根大学的每个教授征收2000法币的高额赋税,高斯根本无力筹足.奥尔伯斯、拉普拉斯等不少朋友主动给予帮助,都被高斯婉拒并将款退回.后来,法兰克福的大主教达尔贝格(Dahlberg)伯爵匿名汇给他1000荷兰金币,高斯不知道汇款人是谁,只好收了下来暂渡难关.法国入侵、公爵战死和高额赋税,加深了高斯在政治上的保守倾向.

1808年2月29日,高斯的长女密娜(Wilhemina)出世了.因为只有闰年才有2月29日,高斯开玩笑地说,她要每四年才会有一次生日了.1808年9月,饱享天伦之乐的高斯给F.波尔约写信:"居家生活快乐而飞速地一天天过去,不论是我们的小女儿长一颗新齿,还是小儿子认了一个新字,对我来说,都像发现一颗新星或一个新的真理一样重要."意想不到的是,1809年9月10日约翰娜生第三个孩子时难产,10月11日不幸去世,五个月后,新生儿也夭亡.爱妻和婴儿的离去给了高斯无法承受的打击,他住在好友奥尔伯斯家里,在一张布满泪痕的纸上写道:"你要我不要过于悲伤,我怎么振作得起来啊!请求上苍,不要排拒我,让我永远感受你永不止息的慈悲,做你忠实的子民,追随你勇往直前."

高斯以极大的克制和毅力从悲伤中解脱出来,为了恢复正常的生活和工作,并使不满4岁的儿子和刚2岁的女儿得到照顾,1810年8月4日,他和哥廷根大学一位法学教授的小女儿米娜·沃尔德克

(Minna Waldeck, 1788—1831) 成婚. 虽然高斯在给米娜的求婚信中说:"我能奉献给你的, 只有一颗破碎的心, 逝去的人影在我心中永不磨灭." 但婚后无微不至地照顾两个失去母亲的孩子犹如己出的米娜, 还是赢得了高斯诚挚的爱慕. 高斯和米娜后来又生有两子一女.

图8　高斯的续弦夫人　米娜

1807年高斯来哥廷根时, 先是在老天文台工作, 新天文台于1814年完成土建, 1816年教授寓所竣工, 高斯全家和天文学家哈丁搬进了新居. 此后的几年里, 高斯和哈丁协力安置天文仪器, 为配置最好的望远镜等设备, 高斯多方奔走, 如1816年赴巴伐利亚会见光学仪器制造家雷兴巴赫 (G. Reichenbach) 等, 买到了他最中意的装备, 从而开展了卓有成效的天文观测和理论研究.

图9 哥廷根大学老、新天文台

在蒙受公爵战死、高额赋税和丧偶之痛的非常时期,高斯战胜了一个接一个的磨难,1809年,他发表了理论天文学名著《天体沿圆锥曲线的绕日运动理论》(简称《天体运动理论》),阐述了他预测天体轨道的方法.用他的方法,只要根据三次完全观测(即包含时间、赤经和赤纬的观测)就能算出运行轨道的特性.高斯方法对新发现的星体轨道的计算有本质的优越性,成为计算天文学的经典.高斯对天文学的热衷以及后来对测地学的兴趣,促使他对观察误差理论作了深入的研究.在《天体运动理论》中,高斯首次公开发表了他在1794年就已发现的"最小二乘法"(这一方法勒让德于1806年最先公开发表),证明了误差分布的统计规律即现称的高斯分布(正态分布).他给出了误差曲线的方程

$$\phi(x) = \frac{h}{\sqrt{\pi}} \mathrm{e}^{-h^2 x^2},$$

其中 h 为精确系数, h 愈大, 曲线愈陡峭; h 愈小, 曲线愈平缓(参看图10).误差落在区间 (a,b) 内的概率为 $\int_a^b \phi(x)\mathrm{d}x$,并且有

$$\int_{-\infty}^{\infty} \phi(x)\mathrm{d}x = 1.$$

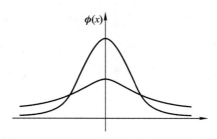

图10 两个不同精确系数的高斯误差曲线

最早得到这一积分值的人可能是拉普拉斯,而高斯则由此导出了 $\phi(x)$.顺便指出,在现在的概率统计

教材中,称分布密度为

$$p(x) = \frac{1}{\sqrt{2\pi}\sigma} e^{-\frac{(x-\mu)^2}{2\sigma^2}}$$

的随机变量服从参数为 μ,σ 的正态分布. 显然, 当 $\mu = 0, \sigma = \frac{1}{\sqrt{2h}}$ 时, $p(x)$ 就是上面的 $\phi(x)$. h 反映了精确程度, 而 σ 则反映了误差程度.

1818 年, 高斯发表了 "确定行星对任意点的引力, 假定行星质量按下述比例均匀分布在它的整条轨道上, 即每一部分轨道上的质量正比于行星通过该段轨道所用的时间" 的论文, 文中利用椭圆积分、算术–几何平均等工具探讨了困难的天体摄动问题. 该文是高斯结束其理论天文学研究的标志, 此后他的天文研究主要在天文观测, 记录特殊天象, 计算并报告他对观测数据的分析, 亲自调试仪器以达到最佳观测条件, 一直到 1854 年他最后病倒为止.

图11　高斯在新天文台的露台上

图12 高斯在哥廷根天文台内的个人实验室

七、测绘地图　发明创造

测地学（geodesy）是观测、度量大地，绘制地图、海图的学问. 在 18、19 世纪，人们采用三角化方法作大地测量. 例如，为了确定相距很远的 A、B 两点之间的距离，可按图 13 所示方法，先取一适当的底线 AC，量得其长，再选定可以看见的一点 D（如山顶、塔顶），测出角 DAC 和角 DCA 的大小，就可以用三角学知识求得 $\triangle ACD$ 的各边和角；再以 DC 为底线，选定点 E，用同样的方法求得 $\triangle DCE$ 的各边和角；如此下去，最后就可以通过解 $\triangle ABD$ 得到 AB 之间的距离.

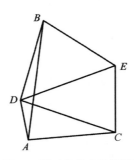

图13　用三角化方法测距

如果地球上的两点在同一子午线（即经线）上，只要测出它们的纬度，就可以近似地求得它们之间的距离. 说近似, 因为地球不是球而是椭球.

在当时, 大地测量、地图绘制在理论上和技术上都有很多问题需要解决. 1799 年一位普鲁士上校在绘制西伐利亚地图时就去请教高斯有关三角化理论上的问题, 从他们后来的通信中可以看到, 高斯当时在这方面已有很多想法, 例如关于球的保向平面投影(即将南北极圈扯开, 再沿某一经线剪开, 虽然南北极圈附近的岛屿变得很大, 但好处是每一条垂直线都是指向南北).

出于经济和军事目的, 1815 年后, 中欧所有主要国家纷纷开始大规模地大地测量. 舒马赫(H. C. Schumacher, 1780—1850)应丹麦政府之请, 测绘全丹麦的地理形状. 舒马赫在哥廷根大学时是高斯的学生, 法学博士, 后来任哥本哈根大学天文学教授及阿唐那(Altona 即现在的汉堡, 当时隶属丹麦)天文台台长. 1816 年 6 月, 他请高斯帮忙计划测绘之事, 并请高斯负责南部的测绘工作. 高斯对此很感兴趣, 因为当时有一个叫 geoid (地球体, 地球形)的问题, 即决定地球的真正形状, 并找到一个最接近地球形状的椭球. 高斯认为, 舒马赫打算做的测量计划, 所得结果一定会给 geoid 问题一个"漂亮的答案". 而且, 这还可以配合上当时的一个大计划: 测量纬度相差15度的子午线的长度, 这条子午线经过丹麦的 Jutland 到意大利与科西嘉之间 Elba 的一个小岛.

高斯于 1818 年正式同意担负将丹麦的测地工作向南延伸的任务, 1820 年, 汉诺威政府正式批准高斯对汉诺威全境的测量计划, 并任命他负责实施.

他用了很多军人做助手,理由是"农民相当尊敬军官,而且军队管理中的纪律和秩序,对任何事情都有益而无害". 高斯的长子约瑟夫也是他的助手之一.

1818—1825年的八年间,高斯夏季组织野外测绘,冬季对所获数据进行分析整理. 在野外测绘工作中,高斯表现了很好的组织能力,秩序井然,他凡事细致入微,一丝不苟,对仪器的操作也极为熟练.

由于测量时常常受到远处窗玻璃反光之扰,高斯受此启发于 1820 年发明了 heliotrope(日光反射信号器,回光仪). 它的主要部分是一个能旋转的镜子,配上一个简单而巧妙的光学仪器,便可操作使得日光朝着一个固定方向反射. 在四五公里外,它的反射光看来有如黑夜晴空中的一二等星那样亮. 在三角测量中,它既可用来作为测量目标,又可当做电报一样来传递消息. 高斯还设想过:"用 1.5 米乘 1.5 米的 100 个平面镜,我们应该可以把 heliotrope 光照射到月球表面,可惜我们没有能力将此仪器和 100 个人工、几个天文学家送上月球,否则只要他们发出一个信号,就可以轻而易举决定经度了". 高斯还在 1821 年发明了光度计. 由于高斯的量角方法和 heliotrope 的使用,使得他们的测量达到了前所未有的精度.

高斯曾经自己估计过,他在测绘时所画的图有 100 多万张. 至于野外实测数据汇集后的计算,则几乎是由高斯一人承担的. 这些计算非常繁复,高斯的好友、测地学家 Waltershasen 说:"在所有测绘、计算工作完成之后,终于结晶出汉诺威地区的三千多个坐标点. 其中随便两点都是用最小二乘法经冗长计算才求得的, 对一个计算能力中等的人来说, 这就得花上两三天才能计算完毕."很多数学家和理论物理学家曾惋惜而埋怨地说, 高斯花在野外测绘和数字计算上的时间太多了. 1823 年, 贝塞尔在给高斯的一封信中就谈到, 野外工作对高斯来说只是虚度光阴. 几个月后高斯回信说:"当然了, 世上所有的测绘、度量, 无论如何绝对比不上把一条科学性的真理推前一步来得有分量. 但是你不可以什么事都用绝对的标准来评断, 你也应该考虑相对的价值."

高斯每年都要撰写一个测地工作总结报告, 这些报告于 1828 年汇集出版, 题为《利用 Ramsden 仪观测所确定的哥廷根与阿唐那两天文台之经度差》. 高斯在该文集中第一次将地球球面视为一个水准曲面 (level surface), 他说:"所谓地球球面, 就是一个与重力场中每一点的重力相垂直的几何面."后来发展为他的位势理论. 高斯测地工作的心得总结在论文"高等测地学研究"中. 他的工作后为德国测地学家所发展, 著名的高斯–克吕格尔(Krüger)投影即是其一.

长年的劳累损伤了高斯强壮的体魄, 1825 年医生诊断他患有气喘病和心脏病, 迫使他停止了野外作业, 但在他的领导下, 汉诺威全境的测绘计划于 1847 年完成.

八、理论探索　创新学科

高斯的出类拔萃,是因为他在极其繁复、琐碎、大量的实际工作中,能够同时在科学理论上作开创性的深入思考. 高斯全力关注测地工作的十年(1818—1828),是他创造活动的又一个高峰期. 虽然高斯在1825年致奥尔伯斯的一封信中说,他这些年未能把充斥脑际的许多思想加以实现,但他仍然取得了两项永垂史册的理论成果.

1822年,高斯利用曲面的参数表示法解答了丹麦哥本哈根科学院设奖征解的地图制作中的难题. 他的论文"将给定凸面投影到另一曲面而使最小部分保持相似的一般方法"于1823年获得头奖. 后来高斯把这一方法定名为 conformal mapping(**共形映射**,也称保形映射). 高斯的这篇论文在数学史上第一次对共形映射作了一般性的论述.

1827年写成、1828年出版的《**关于曲面的一般研究**》,凝聚了高斯10多年思考测地问题的心得,提出了一个全新的概念,即一张曲面本身就是一个空间,开创了研究曲面内在性质的**内蕴几何学**,成为此后一个多世纪微分几何研究的源泉,是数学的一个里程碑. 在这篇论文中,高斯定义了曲面上一点处的曲率 K(也称**高斯曲率**),K 可正可负,半径为 R 的球面的曲率处处等于R^{-2},由双曲线旋转得到的单叶双曲面的曲率是负值,而平面、圆柱、圆锥等的曲率为0. 高斯还证明了**曲率 K 是一个保长不变量**(即在所有的保长变换下其值保持不变). 这个定理在微分几何和广义相对论中居于中心的地位,高斯称它是 theorema egregium, 通称**绝妙定理**. 曲面上连接两点弧长最短的曲线称为测地线,例如球面上的测地线是大圆弧,平面上的测地线就是直线. 高斯证明了测地线也是一个保长不变量. 曲面上三条测地线所构成的三角形称为**测地三角形**,高斯证明了测地三角形的三个内角之和与π的差$V = K \cdot T$,其中T是该测地三角形的面积. V可以表示为积分,高斯称此积分为该测地三角形的全曲率. 也就是说,**测地三角形的内角和与π的差等于它的全曲率**. 高斯说:"这一定理一定会被认为是曲面论的最精美的结果之一." 著名的高斯–博内(Bonnet)定理即其推广. 图 14 中的 NPQ 和 RST 都是测地三角形, 它们的内角和都大于π.

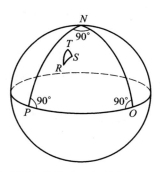

图14 球面上的测地三角形内角和均大于π

对于高斯在曲面论研究上的成就与贡献，后来**爱因斯坦有一个评价，他说:"高斯对于近代物理学的发展，尤其是对于相对论的数学基础所作的贡献，其重要性是超越一切、无与伦比的，……如果他没有创造曲面几何，那么黎曼的研究就失去了基础，我实在难以想象其他任何人会发现这一理论."**

测地问题中的大量计算也推动高斯完善他的最小二乘法和对统计规律的严格研究，1823年他发表的《与最小可能误差有关的观测值的组合理论》，系统地介绍了他早期的观察误差理论，并以数学的严格性推广最小二乘法，使它在任何概率误差的假设下，都以最适当的方法来组合观测值.

在第二次创造高峰期的后期，高斯因测地工作得到额外的津贴（1825年开始领取. 此前的1807—1824年间，高斯的薪金一直固定未动，而家庭负担有增无减），他的经济状况有了根本好转；但高斯却为自己感觉到的创造力开始下降而担忧. 1826年2月19日他在给奥尔伯斯的信中，抱怨自己不能再如此努力而成果不佳，觉得应该去搞有别于数学的其他领域.

1828年高斯到柏林参加了他一生中唯一的一次学术会议：德国自然科学家和医师年会. 他的好友、著名探险家洪堡（A. Humboldt, 1769—1859）希望他到柏林科学院工作以发挥更大的影响，并答应为他提供磁学研究的仪器. 高斯当时对磁学的兴趣确实在增长，但对到柏林就职并不热心. 1822—1825年间，柏林方面曾和高斯商谈他来柏林的条件，高斯发现他们的办事效率很低,要他担负的领导或顾问方面的责任也过多,因此宁肯仍然留在哥廷根.

图15　高斯画像(1828)

九、全新领域　崭新成就

1828年高斯柏林之行的最大收获是结识了才华横溢的年轻实验物理学家韦伯（W. Weber, 1804—1891）。长于理论的高斯和长于实验的韦伯在研究工作中互相配合，相得益彰，取得了丰硕的成果，也结下了深厚的友谊。

高斯在物理学迅速开辟了新的研究领域，取得了出色的成就。

1829年，他发表了《关于力学的一个新的普遍原理》，亦即高斯的**最小约束原理**：任何一个互相影响并受外界影响的质点系统，在任何时刻的运动方式，必然是尽可能地接近自由运动，也就是最小约束的运动。在给定时刻系统约束的量度，是每一个质点的质量与它偏离自由运动路径距离平方的乘积之和。这是著名的达朗贝尔原理的一种新的等价形式，它的好处是不必使用变分法，只需用微分法求极大极小就可以了。高斯在证明这一原理之后感言道："自然对于一个物体运动方式的修正，与数学家对他的观察数据的修正一样，是采用最小二乘方的方法。此相似点还可更加推广下去，但此并非我现在的目标。"

1830年他发表了《论平衡状态下流体性质的一般理论原则》.高斯把曲面的曲率半径概念很漂亮地应用到平衡流体上,得到了平衡流体理论的第一个基本定理.在该文中有涉及重积分、边界条件和可变积分界限的变分问题的漂亮解答.高斯说他对流体性质的研究是纯理论性的,属于理论物理学的一种练习,是想看看到底有哪些数学能用于说明自然现象.

1831年,韦伯经高斯推荐成为哥廷根大学的物理教授.1833年他们合作发明了世界上第一个**有线电报**,这一使大众为之轰动的成就,使得高斯不仅在科学界声名显赫,而且在社会上也闻名遐迩.

有线电报的原理是根据奥斯特(H. C. Oersted)于1820年发现的电流会使磁针偏转和1831年法拉第(M. Faraday)发现的感应电流.他们的电报装置,发报机是一个可沿强磁棒移动的感应线圈,收报机是线圈及用细线悬挂的磁针,中间以导线将两组线圈联成回路.发报机产生的感应电流传到收报机时,将会使磁针偏转,而将两组线圈连接的出入口对换,感应电流在收报机线圈中的流向也改变,从而可产生两个不同的磁针偏转方向,即传递两种信号.高斯和韦伯分别用←和→来表示,并且规定了字母与偏转方向间的对应关系.如←→→代表G;→←代表N;←←→代表S,等等.他们的第一次电报通信,共用了40次磁针偏转,内容是"Michelmann Kommt"("米歇尔曼来了",他是帮助架设电报装置的机工),通报距离约1千米.高斯和韦伯从1833年起一直用这部电报机在天文台和物理实验室间互通短讯,直至 1845 年电报机被雷电击毁. 高斯和韦伯都知道这种电报机在技术上还可改进发展,1835 年他给舒马赫写信说,如果政府肯给他一笔够分量的资助的话,他可以继续实验,把电报术发展到一个令人叹为观止的完美地步.

图16 高斯–韦伯电报机(1833年复活节)

高斯和韦伯合作的地磁学研究达到了更深的理论层次. 洪堡的全球地磁观测计划,目标是测定地磁强度、磁偏角和磁倾角随时间和地点的变化,以建立令人满意的地磁理论. 高斯对磁的理论研究成果大部分集中在两本书里,即 1832 年发表的《**以绝对单位测定的地磁强度**》和 1839 年发表的《**地磁的一般理论**》. 高斯和韦伯合作对地磁实际观测的成果,集中在他们于 1840 年出版的不朽著作《**地磁图**》中.

高斯在1832年的著作中为磁的度量创立了一套"绝对单位制". 他的基本想法是磁(他称作磁流)能够而且应该以其效应来度量, 他定义单位"磁流"为如下强度的力：以单位磁强排斥相隔一单位距离的另一单位"磁流". 他选定力学中度量长度、质量和时间的惯用单位毫米、毫克和秒为基本单位, 借助库仑定律将它们引申到磁学(以至静电学)中, 确立了度量磁场强度的标准, 韦伯后来运用这一思想建立了电动力学的绝对单位制. 他们的这套单位制在1881年巴黎国际物理学会议上被接受, 只是稍作修改而成为CGS单位, 即厘米·克·秒单位制, 高斯的名字也被确定为磁场强度和磁感应强度的单位名称.

图17 高斯和韦伯

高斯在《地磁的一般理论》中, 把地磁归因到地球内部, 他进一步定义了磁位势, 论证了为什么只有两个磁极, 并讨论了磁场线的解析定义. 在计算磁位势时,高斯用球函数的一个无穷级数表示地球表面上任一点处的磁位势,并利用世界各地磁观测站提供的数据对级数前24项系数进行估值,由此不难算出在任意点处的磁位势.高斯和韦伯不仅改进了以往测量磁偏角、磁倾角及磁场水平分量的方法,还在 1837 年发明了双线地磁仪来测定磁矩和磁场的水平分量.高斯的地磁学研究是他的测地工作的补充,为当时兴起的对地球进行科学描述提供了数学的理论和方法.1840 年高斯发表的《与距离平方成反比而发生作用的引力和斥力的普遍原理》,是将**位势论**作为数学对象进行系统讨论的最早著作.

1833 年,高斯和韦伯在哥廷根兴建了地磁观测站.洪堡曾设想建立全球的地磁测量网,高斯和韦伯的参与加速了这项计划的实施.为使测量准确,他们以铜材代替铁材,以免磁针受到干扰.不久,哥廷根的观测站成了地磁测量的中心,各地纷纷仿照他们的设计建站,如维也纳、那不勒斯、都伯林等,到 1834 年欧洲已建起了几十处磁观测站.为促进交流,高斯、韦伯和洪堡组织了磁学会,出版了年刊《磁学会年度观测成果》(1836—1841 年间共出版6卷,文章中高斯有15篇、韦伯有 23 篇).麦克斯韦(J. C. Maxwell, 1831—1879)在他的《电学与磁学》一书中说:"**高斯的磁学研究改造了整个科学,改造了使用的仪器、观察方法以及计算的结果.高斯关于地磁的论文是物理研究的模范,并提供了地球磁场测量的最好方法.**"

高斯一生中多次关注过几何光学的理论问题,早在1817年他就在一篇文章中提出将宝石玻璃的凸透镜与火石玻璃的凹透镜组合起来,以消除光学仪器的色差,尤其是把色散完全消除. 所谓的**高斯物镜**就是据此原理磨制的,不仅可用于望远镜,也可用于显微镜. 高斯最重要的光学著作是他于 1840 年完成、1843 年出版的**《光的折射研究》**. 此前,欧拉、拉格朗日等人对这一问题曾有过研究,但都只考虑了极薄透镜的折射,不能完全反映实际情况. 高斯用纯几何方法证明了:不论多厚的透镜,在其主轴附近,光的折射可以用薄透镜或单折射面的简单公式来研究. 在该书中,他还第一个引入了焦点、焦距、焦面等术语.

图18　高斯的画像(1840)

十、家事难言　世事难料

高斯全力投入物理研究的时期,也是他的家庭变化最大、烦心事不断的时期.

高斯共有六个孩子,长子约瑟夫(1806—1873)的外表和某些性格很像父亲. 他15岁就随父亲参加汉诺威地区的测量工作,后来在工兵部队20年,官至上尉于1846年退役,成为汉诺威铁路系统的四个主管之一. 长女密娜(1808—1840)的长相和脾气很像母亲约翰娜,高斯认为她和约翰娜就像一个模子造出来的,因此对她特别疼爱(图19). 1830年她和哥廷根大学一位教神学与东方语言的教授埃瓦尔德(Ewald)结婚,生活美满,但身体和她母亲一样脆弱,年仅32岁就因肺病不幸去世. 次子路易斯1809年出生六个月后夭折.

高斯与续弦夫人米娜有三个孩子:儿子欧根纳(Eugene, 1811—1896),威汉(Wilhelm, 1813—1879)和女儿特雷泽(Therese, 1816—1864). 令高斯头疼的是两个儿子.

在高斯的所有孩子中,欧根纳兼具父亲在数学和语言方面的特长,他高中毕业时想进大学读哲学,但在高斯的极力反对下,不得不进了法学院. 他便终日玩牌、喝啤酒,不思学习,并且时因赌博而负债.

图19　高斯的长女密娜

不久高斯不再强求儿子了,但欧根纳提出要前往美国,在闹得不欢而散之后欧根纳不辞而别出走外地.高斯好不容易知道了他的下落,特地给儿子带了一笔路费和一只大皮箱,在奥尔伯斯家见面,但欧根纳没有吃一口为他而准备的餐点.父子就这样分别,从此再未见面.欧根纳于 1830 年 12 月到了纽约.母亲米娜本来就有肺病,再经此打击,次年便病故了.欧根纳到美国后,当过兵,做过职员、学习并通晓了古希腊语和苏族土语,1840 年开始经商,后创立了第一国家银行并担任首任总裁.父子间通过不少信,随着时光的流逝和各人的成功,父子间的对立关系虽有缓和,但始终没有完全恢复过来.

欧根纳的弟弟威汉和哥哥有点相像,但不敢和父亲对着干.他读完高中后一心务农,期望将来拥有自己的农场. 实地学了几年后, 在几个农庄当过管理, 但并不快乐, 后来做了两年生意. 1837 年他和高斯的好友贝塞尔的侄女结婚, 在父亲的同意和祝福下, 年底携妻去了美国. 此后父子也再未见面. 威汉到美国后, 先经营农场, 后经商, 晚年成为百万富翁.

对高斯唯一的安慰是女儿特雷泽十分孝顺. 在母亲米娜去世前, 不到 20 岁的她就担起了全部家务. 高斯的母亲从 1817 年起就和他们同住了, 特雷泽一直照顾着祖母, 直到 1839 年 96 岁的祖母去世. 此后, 特雷泽就全心全意地侍奉父亲. 高斯去世后, 她才嫁给了一个演员兼剧院导演, 他们在婚前书信交往已长达 14 年之久. 1864 年特雷泽离开人世, 没有孩子.

家事难言, 世事难料, 这一时期的一个不测事件是由汉诺威的新君主压制民主引起的. 受 1830 年法国资产阶级革命的影响, 汉诺威公国曾于 1833 年通过了一部较为民主和自由的宪法. 1837 年 11 月, 新国王奥古斯特（E. August）取消了这部宪法, 要求公职人员（包括大学教授）对他本人宣誓效忠. 哥廷根大学 7 位教授奋起抗议, 其中包括高斯最亲密的合作者韦伯, 以及他的大女婿埃瓦尔德. 人们期待高斯采取公开的行动, 以其崇高的威望声援他的同事. 但高斯保持了沉默. 七教授被解职, 其中韦伯、埃瓦尔德等三人被逐出境外, 有一段时间军队还控制了哥廷根大学. 此时高斯没有为自己的女婿埃瓦尔德说情, 只是私下请洪堡利用自己的影响力为韦伯申辩, 高斯也未对政府的行动表示异议. 实际上高斯不赞成政治上的任何激进行为,倾向于维持王室的统治.他宁可明哲保身,以便安静地从事研究.况且,时年高斯的母亲已94岁高龄,他本人也年过六旬,不愿因为这一事件改变习惯的生活方式.韦伯的离去,中断了高斯一生中最成功的合作研究,对他后期的物理研究带来了无法弥补的损失.直到 1848 年巴黎爆发二月革命推动了德国城邦的三月革命后,韦伯和埃瓦尔德才重回教学岗位.

图20　高斯(大约1850年)

十一、老有所为 死而后已

1843年后,高斯几乎完全退出了物理学的创新研究,只从事例行的天文观测,计算汉诺威测地工作中遗留下的问题,对老的研究课题、发表过的评论或报告作些修饰,解决一些较小的数学问题.

在40年代,高斯对哥廷根大学的事务有了较多关注,担任过教授会的负责人. 由于当时教授遗孀很多,而学校的抚恤基金面临破产危机,高斯在1845—1851年间写了"概率算法在寡妇基金平衡计算中的应用",其中列出了退休年金的计算表,使基金会的财务预算建立在可靠的统计规律之上. 这一研究成为现代保险数学的一个里程碑.

高斯对**几何基础问题**的关注持续了60多年. 公元前3世纪,欧几里得把形式逻辑的公理演绎方法应用于几何学,集前人研究之大成,完成了光辉巨著《原本》(Elements). 该书从23个定义、5条公设和5条公理出发,演绎出96个定义和465条命题,构成了历史上第一个数学公理体系. 从公元前3世纪直到18世纪末,几何领域是欧几里得的一统天下. 虽然解析几何改变了几何研究的方法,但没有从实质上改变欧几里得几何本身的内容. 欧几里得几何作为数学严格性的典范始终保持着神圣的地位,许多数学家和哲学家都相信它是绝对真理. 笛卡儿在发明了解析几何之后仍坚持对每一个几何作图给出综合证明,牛顿在首次公开其微积分发明时也给它披上了几何的外衣. 然而欧几里得几何的第五公设(又称平行公设)却使数学家们伤透脑筋. 所谓公理和公设应当是不证自明的原理, 但平行公设: "若一直线与两条直线相交所构成的同旁内角和小于两直角,那么把两直线无限延长,它们将在同旁内角和小于两直角的一侧相交."其陈述与内容都不像其他公设那样简洁明了,人们也不能凭经验一目了然, 因此从一开始就有人怀疑它不像一个公设而更像是一个定理. 那么, 它是不是多余的? 它能否从其他公理和公设中逻辑地推导出来? 两千多年中无数的数学家试图证明平行公设的努力都失败了. 与此同时也有不少人想用更为简明的等价命题来代替它. 例如我们中学几何课本上常用的"过已知直线外的一点只能作一条直线与该直线平行", 还有如"三角形的内角和等于 180°"等等. 这些新的假设也同样无法通过欧几里得的其他假设推导出来.

从高斯身后的遗稿和信件中可以了解到,是高斯最先认识到在欧几里得几何之外还可以有逻辑上相容的新几何系统,并且可以像欧几里得几何一样正确地描述物质空间. 早在 1792 年高斯就已考虑了平行公设在欧几里得几何中的地位问题, 1799 年已意识到平行公设不能从欧几里得的系统中推出来. 当年 F. 波尔约写信告诉高斯, 他已经能从其他公理推出平行公设, 12 月高斯回信说: "我所用的方法, 并未

产生你说你已经得到的结果. 我所得到的, 是对几何的合理性的怀疑. ……我可以从存在面积为任意大的直角三角形的假设, 严密地导出平行公设. ……我相信, 很有可能, 不管你把三角形的顶点拉开得多远, 它的面积仍然在一个范围以内. 我现在有几个这样的定理, 但都不能使我满意."(事实上, 在非欧几何里, 所有三角形的面积有上限, 而存在面积任意大的三角形和欧几里得的平行公设是等价的). 从 1813 年起, 高斯发展了他称之为"非欧几里得几何"的新几何. 1817 年他在给奥尔伯斯的信中说:我越来越深信我们不能证明欧几里得几何具有物理的必然性."我们决不能把几何与算术相提并论, 因为算术是纯粹先验的, 但可把几何与力学相提并论." 这时高斯已经认识到在欧氏几何以外可以存在正确地描述物质空间的非欧几何. 1824 年 Taurinus 寄给高斯一个他对平行公设证明的尝试, 高斯在回信中说:"由三角形的内角和小于180°的假设可导出一种奇异的几何, 这种几何与欧几里得几何大相径庭, 但其本身却是相容的. 在此种几何中, 若某一常数为已知的话, 则所有的问题均可解决. 此常数无法事先决定; 此常数愈大, 该几何就愈接近欧几里得几何, 一直到该常数变为无穷大, 则此两种几何就变成一样了. 如果宇宙的几何真是非欧几里得的, 而且如果这常数的数量级和我们能够得到的对地球或天体的测量值相差不太远的话, 那我们可以算出这常数."(这常数也称为绝对长度单位, 其值为 $\frac{1}{\sqrt{|K|}}$, K 就是我们在第八节中介绍的高斯曲率. $K \to 0$ 时, 该常数 $\to \infty$,

亦即在平面时两种几何变成一样了）. 在高斯 1828 年出版的论文《关于曲面的一般研究》的最后, 附有他做的一个三角测量的结果. 三个顶点分别为 Hohenhagen(H), Brocken(B) 和 Inselsberg(I) 的山顶, 它们的两两距离分别为 69, 85 和 107 千米, 近似于直角三角形. 高斯利用山顶的日光反射信号测得的 $\triangle HBI$ 的内角和为 $180°$ 而测量由测地线构成的测地三角形的内角和, 结果超过 $180°$ 大约 $14.85348''$. 高斯的这个实验可能与他试图检验宇宙空间的几何和欧氏几何的偏差有关. 1829 年贝塞尔曾力劝高斯发表他有关非欧几何的结果, 高斯回信说: 也许我终身不会发表, 因为我怕如果公布自己的发现, "黄蜂就会围着耳朵飞", 并会 "引起波哀提亚人的叫嚣"（波哀提亚人是古希腊的一个部落, 向以愚昧著称）.

当高斯秘而不宣自己的发现时, 高斯的好友 F. 波尔约的儿子 J. 波尔约（János Bolyai, 1802—1860）在 1823 年 12 月对他父亲说, 他已经成功地创造了一个与欧氏几何不同的新系统, "从虚无中, 我已经创造了一个新世界". J. 波尔约称自己的新系统为 "绝对几何", 在这一系统中, 欧几里得的平行公设被替换为 "过直线外一点至少可作两条直线与它不相交". 1832 年, 他的论文《绝对空间的科学》作为他父亲的一本书的附录正式发表. F. 波尔约将这篇论文寄给高斯, 请他发表意见, 1832 年 3 月高斯回信说: "关于你儿子的工作, 如果我一开始就说我不能评价它, 你一定会惊讶, 但是我别无他法. 称赞你儿子就等于称赞我自己.因为整篇文章的内容以及你儿子的研究方式,和我在30至35年以前的思考几乎完全相同.事实上我感到极为惊讶.我原想发表我的结果,……我现在可以省下这分工夫,而且使我高兴的是,我最好的一个朋友的儿子以如此非凡的方式赶上了我.""无论如何,请你替我向他致诚挚的特别敬意."高斯在信中还介绍了自己导出双曲三角形面积的方法,并给 J. 波尔约提了一个问题:如何求新几何学中的四面体的体积. F. 波尔约对这封信相当满意,但 J. 波尔约感到非常痛苦和失望,因为他热切期待的是能够得到高斯公开的认可和赞许.1840年俄国数学家罗巴切夫斯基关于非欧几何的德文著作出版后,波尔约更加灰心丧气,甚至怀疑高斯捣鬼,剥夺了他作为非欧几何发明者的荣誉.但他父亲指出:"很多事物仿佛都有那么一个时期,届时它们就在很多地方同时被人们发现了,正如在春季看到紫罗兰处处开放一样."

第一个系统地阐明了非欧几里得几何理论,并且始终坚定地宣传和捍卫自己新思想的,是被誉为"几何学上的哥白尼"的俄国青年数学家罗巴切夫斯基(Н.И.Лобачевский,1792—1856).19世纪20年代初期,他确信第五公设是不能通过其余的公理、公设来证明的,在欧几里得几何之外,还可以存在新的几何系统.他在保留欧几里得几何前四个公设的前提下,引进了一个与第五公设相悖的假设:过直线 AB 外一点的所有直线,对于 AB 而言可分成两类,一类直线与 AB 相交,另一类不相交.构成这两类直线的边界的两条与 AB 不相交的直线,称为 AB 的平行线. 罗巴切夫斯基由此出发,构建了一个全新的几何系统,先称之为"虚几何",后来改称为"泛几何". 这个系统实际上和高斯、J. 波尔约发现的一样,在这种几何中,三角形的内角和小于180°. 1826 年 2 月 23 日,罗巴切夫斯基在俄罗斯喀山大学发表了"简要论述平行线定理的一个严格证明"的演讲,报告了自己关于非欧几何的发现,1829 年发表了题为"论几何原理"的论文,这是历史上第一篇公开发表的非欧几何文献,但因为是用俄文刊登在《喀山通讯》上而未引起数学界的注意. 罗巴切夫斯基后来为发展、阐释这种新几何学付出了毕生心血. 在他的许多论著中,1835—1838 年间的系列论文"具有完备的平行线理论的新几何学原理"较好地表述了他的思想,1840 年他用德文出版了《平行理论的几何研究》,开始引起国际数学界的关注. 罗巴切夫斯基几何的一系列命题同人们的传统概念和朴素直觉是不相容的,因此当它公布后的确遭到了高斯所预料的"波哀提亚人的叫嚣". 许多人群起而攻之,说新几何是"荒唐的笑话",是"对有学问的数学家的嘲讽",有人写文章讥讽说:"为什么不把黑的想象成白的,把圆的想象成方的","为什么不把标题《几何学原理》写成例如《对几何学的讽刺》、《几何学漫画》呢?"著名诗人哥德也写诗嘲笑:"有几何兮,名为非欧,自己嘲笑,莫名其妙". 但罗巴切夫斯基勇敢地直面这些攻击,直到他去世前一年的 1855 年,已经双目失明的他,还以口授发表了一本题为《泛几何学》的法文著作,坚信自己的新几何学是正确的. 高斯是 1840 年才知道罗巴切夫斯基的工作的,因为高斯懂俄文,他可以直接阅读罗巴切夫斯基的原始论文,高斯完全赏识他的成就,在给舒马赫的一封信中他说:"你知道,自 1792 年以来,过去 54 年间,我也有相同的信念. 我在罗巴切夫斯基的工作中,没有发现什么新的材料,但是他思考的方式和我不同,很巧妙而且富有几何的精神." 不仅如此,高斯还促使罗巴切夫斯基在 1842 年成为德国哥廷根皇家科学协会的通讯会员. 罗巴切夫斯基的老师巴特尔斯是高斯小学时的老师,后来成为好友,1805—1807 年他们在一起度过,此后还保持通信;F. 波尔约和巴特尔斯都知道高斯对欧氏几何的怀疑,因此 J. 波尔约和罗巴切夫斯基都应该间接地受到过高斯思想的影响.

最先理解非欧几何全部意义的是黎曼(G. F. B. Riemann, 1826—1866). 黎曼于 1846 年入哥廷根大学读神学与哲学,后来转学数学,1849 年在高斯的指导下做博士论文. 1851 年,黎曼以题为《单复变函数一般理论基础》的论文在哥廷根大学获得博士学位. 高斯以少有的激情写了如下评语:"黎曼先生提交的博士论文提供了可信的证据,表明作者对他的论文所涉及的主题进行了全面、深入的研究,显示了一个具有创造力的、活跃的、真正数学的头脑以及了不起的富有成果的独创性." 其后两年半黎曼为取得在哥廷根任教的资格做准备,1853 年底提交了一篇关于傅里叶级数的求职论文和就职演说的三个可能的讲题. 他希望被选中前两个题目中的一个, 这是他已经准备好的. 但第三个题目: 关于几何学基础的假设, 正是高斯深思了 60 余年的几何基础问题, 他并未准备, 但高斯恰恰选定了这个题目. 黎曼大吃一惊, 向他父亲说: "我又处于绝境中了". 但他不顾贫病交加, 深思熟虑, 出色地作好了准备. 1854 年 6 月 10 日, 28 岁的黎曼宣讲了这篇题为 "关于几何基础的假设" 的论文. 高斯大为惊异, 因为论文之好出乎意料. 据说当时除了高斯以外没有人能够听懂黎曼的意思. 这篇演讲是整个数学史上的一篇杰作, 为几何学的研究打开了新的局面. 黎曼发展了罗巴切夫斯基等人的思想, 将高斯创立的内蕴微分几何推广到任意空间, 建立了一种更广泛的几何——黎曼几何. 他把 n 维空间称为一个流形, 如果流形的每一点的曲率都相等, 则称之为常曲率空间. 对于三维空间, 曲率或者恒等于零, 或为负常数, 或为正常数. 黎曼指出前两种情形分别对应通常的欧几里得几何与罗巴切夫斯基非欧几何, 而第三种情形则是他本人的创造, 即现在通称的黎曼非欧几何. 在这种几何中, 过已知直线外一点不能作任何直线与该直线平行, 三角形的内角和大于 180°. 按照后来克莱因 (C. F. Kline, 1849—1925) 的分类, 黎曼非欧几何是椭圆几何, 欧几里得几何是抛物几何, 罗巴切夫斯基非欧几何是双曲几何. 黎曼几何为广义相对论的创立准备了数学工具. 1905 年爱因斯坦创立狭义相对论后, 进一步思考建立广义相对论,在这一过程中,遇到的一个难题就是如何把时空几何与运动物质联系起来?爱因斯坦需要找到广义相对论的一个数学结构.他向大学同学、数学家格罗斯曼(Grossmann, 1878—1936)请教.格罗斯曼告诉爱因斯坦,这需要用到以黎曼几何为基础的绝对微分学,亦即爱因斯坦后来所称的张量分析.从 1912 年起爱因斯坦刻苦钻研数学,终于在 1915 年 11 月 25 日发表的论文中,给出了广义协变的引力场方程,他指出:"由于这组方程,广义相对论作为一种逻辑结构终于大功告成!"随着广义相对论被证实,非欧几何的客观实在性也被世人承认.

高斯作为哥廷根大学的天文学教授,在 1808 年到 1854 年间,除了少数几次例外,他一直教天文学以及相关的数学,例如轨道判定、摄动理论、误差计算及最小二乘法等.偶尔开过测地度量和地磁度量课.仅有的例外是 1809 年冬季讲授数论和 1827 年夏季讲授一般曲面论.由于高斯要求学生课前预习,加之他的极高水准,他的学生只有 5 到 10 人,而一位教数学基础课的老师却有 100 个学生(1850 年哥廷根镇有 10 万人口,其中学生 850 名).高斯不喜欢教学工作,早在进哥廷根大学之前的 1802 年,他在致奥尔伯斯的信中说:"我真的不喜欢教课……对真正有天赋的学生,他们绝不会依赖课堂上的传授,而必是自修自学的.做这种不值得感谢的工作,唯一的代价就是教授浪费了宝贵的时间."1808

年他在给舒马赫的信中说,对于有天赋的学生,"我们不需要抓着他的手,带领他走到目的地,我们只需要偶尔给他一点提示,以便他找到最近的路". 他不喜欢学生抄笔记,如果有人这么做,他就会停下来说:"不要写,注意一点听讲". 到了晚年,高斯对教学的兴趣要比以前浓厚. 在他的学生中,有多人成为德国天文学的台柱,如舒马赫、Gerling、Encke等;成为著名数学家的有黎曼、戴德金(J. W. R. Dedekind,1831—1916)和艾森斯坦(G. Eisenstein, 1823—1852)等. 在1850—1851年的冬季学期,戴德金是选修高斯最小二乘法课程的9个学生之一,他回忆高斯上课的情景说:"高斯自由自在地讲,清楚、简单而切中要点;但当他想表达一个观点的时候,他总是突然抬起头来对着学生,用一种非常特殊、精心挑选的字眼,有力地说着,同时清澈蔚蓝的双眼瞪着他们. 这真是令人难忘的一幕."

晚年的高斯在学术圈子以外的人眼里是位科学奇人,而高斯本人却非常热衷于从报纸、书本和日常生活中收集各种统计资料. 1848年二月革命时期,一个名叫"反革命"的文艺俱乐部在哥廷根成立,高斯成为会员之一,每天的11点至13点他都要到该组织附属的阅览室去看报刊. 他总是先把要看的东西按次序叠成一堆,垫在屁股下,然后一张张地抽出来看,并把特别有兴趣的记在小本上. 如果某个学生正在看的报纸恰巧是他所要的,高斯会一直瞪着他直到把报纸递过来为止,因而被学生们戏称为"阅览室之霸".

高斯一直保持着从小养成的勤俭朴素的生活习惯,但理财有方.他的教授年薪是 1 000 塞乐(Thalers,当时的币制单位),身后却留下了 17.1 万塞乐,这主要是从在国外买债券投资得到的.

高斯体魄强健,大半生没有生过大病.他不相信医生,也不理会朋友的警告.1850 年,高斯的心脏病加重,1852 年冬季及 1853 年,病症越来越重,1854 年 1 月,他的同事、外科医生 Baum 为他做了一个详细的检查,结论是心脏扩大,治好的机会很小;8 月病情恶化,且已导致水肿.1854 年 12 月高斯写下了遗嘱,此时已不见他惯常清晰的字迹.

在生命的最后几年里,高斯虽然行动不便,但仍然参加力所能及的学术活动.1851 年 7 月 1 日日食,他作了最后一次天文观测,同年,核准了黎曼的博士论文;1852 年改进了天文物理学中的傅科摆;1853 年为黎曼选定任职答辩题目,并于 1854 年 6 月听了他关于几何基础的答辩报告.

1855 年 2 月 23 日清晨,高斯在睡眠中去世,享年 78 岁.政府和大学的高级官员出席了高斯的葬礼,抬送棺木的 12 个学生中有戴德金.高斯葬于哥廷根的 St. Albans 公墓.

高斯的大脑有深而多的脑回,作为解剖标本收藏于哥廷根大学.

图21 高斯在他临终的床上

图22 高斯墓（位于哥廷根St. Albans 公墓）

十二、科学遗产　精神财富

高斯给后人留下了巨大的科学遗产和宝贵的精神财富.几乎在当时数学的每一个领域高斯都有开创性的工作;在天文学、物理学、测地学、地磁学等众多领域也取得了当时国际领先的成果;他对天文学和磁学的研究,开辟了数学与物理学相结合的新的光辉的时代.在他去世后,从1863年起到1933年止,由众多著名数学家参与、最后在 F. 克莱因的指导下完成了《高斯全集》的出版工作,历时70年.全集分12卷.前7卷基本按学科编辑:第1,2卷,数论;第3卷,分析;第4卷,概率论和几何;第5卷,数学物理;第6,7卷,天文.其他各卷的内容如下:第8卷,算术、分析、概率、天文方面的补遗;第9卷是第6卷的续篇,包括测地学;第10卷分两部分:1. 算术、代数、分析、几何方面的文章及日记;2. 其他作家对高斯的数学和力学工作的评论;第11卷也分两部分:1. 若干物理学、天文学文章;2. 其他作家对高斯测地学、物理学和天文学工作的评论;第12卷,杂录及"地磁图".

和其他伟大的数学家一样,抽象符号对高斯来说并非虚幻而不真实的。有一次他谈到:"**灵魂的满足是一种更高的境界,物质的满足是多余的. 到底**

我把数学应用到由几块泥巴组成的星球,或应用到纯粹数学上的问题,对我而言并不重要.但后者常带给我更大的满足."

贯穿高斯一生的研究风格,一是不停地观察、分析、归纳,从大量的经验中获得灵感,形成猜想或推断,并进一步给以严格的证明;二是对严密逻辑推理的极其苛求,并且务必尽善尽美.他不仅要求证明完美,而且要求既最大限度的简明又不失严谨,至少是当时可能的严谨.前面介绍的素数定理的发现,二次互反律的发现及其八个证明,代数基本定理的四个证明,大地测量与一般曲面理论的形成,终身的天文观测及理论创造,地磁观测与地磁一般理论的创立,等等,都是最好的证明.

严格、严密、精美贯串在高斯的所有科学研究工作中.除非所得结果已经非常完美、否则决不公开发表,是高斯始终坚持的原则.高斯希望他留下的都是十全十美的艺术珍品,他常说:"**当一幢建筑物完成时,应该把脚手架拆除干净.**"高斯不仅对严密性的要求非常苛刻,而且希望在每个领域,都能建立起一般的理论体系,将已经发现的结果有机地联系起来.因此,高斯总是迟迟不肯发表他的著作,或者来不及将他的发现整理出来.他的名言是:**宁肯少些,但要成熟.**高斯有一幅标志性的画,其中有一棵树,上面只结了七个果实,下面写着"**虽少但熟透**".在 1898 年找到的高斯的"科学日记"中,简要记录了他在 1796—1814 年间的 146 条新发现或定理的证明,其中很多他终身没有发表.在他的遗稿以及和友人的通信中也可以看到他的一些没有发表的重要结果. 例如关于**摄动理论**(Pertubation theory)他所发表的文章很少, 但直到他去世后人们才知道他对摄动学有基础性的贡献. 当初计算谷神星轨道时, 高斯就用了自己在超几何级数及算术–几何平均方面的研究成果, 并且也应用了拉普拉斯的方法. 他的学生 Encke 就是用高斯传授给他的方法, 计算出了后来被命名为 Encke 的彗星轨道. 高斯还在计算小行星 Pallas 的轨道时, 从理论上研究了扰动对一般星球轨道的影响, 特别是提出了一种分析摄动问题的具体模型, 据此计算星体间的互相影响, 探讨了星球间永年扰动(Secular pertubation)的问题. 再如现称的解析函数的柯西定理、幂级数展开和洛朗展开、非欧几何、椭圆函数论等, 有些是在这些成果发表多年之前、有些是成果发表人出生之前, 高斯就知道了. 他给密友 F. 波尔约的信中说: **"给予我最大愉快的事不是知识本身而是学习过程, 不是所取得的成就而是得出成就的过程.** 当我把一个问题搞清楚了并研究透彻了, 我就放下不管, 以便转而再去探索未知的领域."

高斯在函数论方面的工作虽然不像他在数论、微分几何、天文学、测地学、磁学及光学方面的贡献大, 但他对超越函数有系统深入的开创性研究. 1808 年他在给舒马赫的信中说: "在计算积分时, 我对于那些只利用代换、变换等机械规则, 将积分变成代数函数、对数函数或圆函数的情形丝毫不感兴趣. 反之, 我的兴趣在于超越函数, 这需要较深且细心的探讨, 而且此种函数无法变成上述诸函数. ……包含那些更高级函数的领域, 几乎毫未开发, 像一块处女地一样. 在这方面我已努力工作很久, 关于这些函数我要写一本大书, 此事我已在我的《算术研究》的第539 页 (335 节) 中提过. 在我们面前正摆着一个大宝库, 里面充满了由这些函数提供的崭新且极有趣的事实与关系, 其中包括关于椭圆及双曲线求长公式."高斯这里所说的处女地就是**椭圆函数理论**, 因为与求椭圆弧长问题有关而得名. 高斯对椭圆函数的研究最终还和他早先关于算术–几何平均及双纽线的研究融为一体.

从高斯给舒马赫的信中可知, 早在 1791 年高斯14 岁时就开始研究算术–几何平均, 约在 1800 年完成. 设 a 和 b 均为正数, 令 $a_0 = a, b_0 = b$;

$$a_n = \frac{a_{n-1}+b_{n-1}}{2}, \ b_n = \sqrt{a_{n-1}b_{n-1}}, \ n = 1, 2, 3, \cdots,$$

亦即将 a_{n-1} 和 b_{n-1} 的算术平均值和几何平均值分别作为 a_n 和 b_n, 即可得到两个数列. 高斯证明了当 n 无限增大时, 这两个数列有相同的极限值, 高斯称它为正数 a 和 b 的算术–几何平均值, 记为 $M(a,b)$. 他通过计算得到了关系式

$$\frac{1}{M(1+x, 1-x)} = 1 + \left(\frac{1}{2}\right)^2 x^2 + \left(\frac{1 \times 3}{2 \times 4}\right)^2 x^4$$

$$+ \left(\frac{1 \times 3 \times 5}{2 \times 4 \times 6}\right)^2 x^6 + \cdots,$$

发现上式满足一个微分方程,他求得了这个微分方程的通解,并且证明了

$$\frac{1}{M(1+x, 1-x)} = \frac{1}{\pi} \int_0^x \frac{\mathrm{d}\varphi}{\sqrt{1-x^2\cos^2\varphi}}.$$

上式右端的积分属于椭圆积分. 所谓椭圆积分是形如

$$y = \int_0^x \frac{\mathrm{d}t}{\sqrt{P(t)}}$$

的积分, 其中$P(t)$是t的三次或四次多项式. 这个积分定义了一个x的函数, 它的反函数就是所谓椭圆函数.

高斯对椭圆函数的研究始于对双纽线的研究. 双纽线是动点到两个定点距离的乘积为一常数的点的轨迹. 双纽线上的弧长的计算归结为计算形如

$$y = \int_0^x \frac{\mathrm{d}t}{\sqrt{1-t^4}}$$

的积分, 这就是当$P(t) = 1 - t^4$时的椭圆积分. 高斯把它的反函数称之为双纽线正弦, 记作

$$y = \sin \operatorname{lemn} x.$$

他还引进了双纽线余弦$y = \cos \operatorname{lemn} x$, 这些都是最早的椭圆函数. 高斯证明了$y = \sin \operatorname{lemn} x$有双周期, 除有一个实周期$2\omega$外, 还有一个虚周期$2\omega\mathrm{i}$. 1795年5月, 他得到了$\omega$与算术–几何平均之间的关系:

$$\omega = 2 \int_0^1 \frac{\mathrm{d}t}{\sqrt{1-t^4}} = \frac{\pi}{M(1, \sqrt{2})}.$$

高斯是通过将其两边分别计算到小数点后 11 位验证而得到了该关系式, 1799 年底给出了证明. 关于椭圆函数, 高斯没有公开谈过, 但在 1818 年, 他将自己的结果整理成 "关于新超越函数的一百个定理", 这可能是准备出版的. 高斯没有公开自己的成果, 因为他知道, 关于椭圆函数的完整理论, 必须用到复平面上的积分以及复多值函数的理论, 而这在当时都还处于孕育阶段, 按照高斯尽善尽美的原则, 他不可能就这样公开发表. 前面提到的 $\frac{1}{M(1+x, 1-x)}$ 的级数展开式, 高斯原来也是通过计算得到的, 等式右端的级数是否收敛当时并未考虑. 1813 年, 高斯发表了论文 "无穷级数

$$1 + \frac{a \times b}{1 \times c}x + \frac{a(a+1)b(b+1)}{1 \times 2 \times c(c+1)}x^2$$

$$+ \frac{a(a+1)(a+2)b(b+1)(b+2)}{1 \times 2 \times 3 \times c(c+1)(c+2)}x^3 + \cdots$$

的一般探讨", 这个级数称为**超几何级数**, 当常数 a、b、c 取不同的值, 或适当变换 x, 就可以得到很多级数展开式. 例如, 取 $a = b = 1/2, c = 1$, 并以 x^2 代换 x, 即得到 $\frac{1}{M(1+x, 1-x)}$ 的级数展开式. 在上述论文中, 高斯给出了超几何级数收敛性的确切判据, 开了严格讨论无穷级数收敛性之先河. 回顾高斯对椭圆函数研究的历史过程, 我们可以充分体会到高斯超人的科研能力和他观察、分析、归纳; 猜想、检验、论证; 严格、严密、精美的科研风格.

在高斯的时代,几乎找不到什么人能够分享他的想法或向他提供新的观念.每当他发现新的理论时,没有人可以讨论.这种智慧上的孤独,导致心灵和生活上的离群索居.与很少有人能够在纯数学研究中与高斯交流对话相反,他在天文、物理学界有不少挚友,现存的7 000多封高斯的通信中,与这些人的信件占了极大比例.

高斯不轻易发表自己认为尚未成熟的结果,当别人发表了相关成果之后,他一方面不公开评论,另一方面也在给友人的信中表明自己是这些成果的最先发现者.前面介绍的高斯就非欧几何给F.波尔约的回信是一例,关于椭圆函数的研究也是一例.高斯在《算术研究》一书第335节中关于"处女地"的著名提示,引发了一场关于椭圆函数理论研究的著名竞赛.杰出的数学家挪威人阿贝尔(N. H. Abel, 1802—1829)和德国人雅可比(C. G. Jacobi, 1804—1851)做出了很好的成果,但高斯对他们都没有给予公开的评论. 1849年在高斯获博士学位50周年纪念宴会上,坐在高斯身旁荣誉席上的雅可比,非常想找话题与他谈数学,但高斯避而不谈. 1824年22岁的阿贝尔证明了一般的五次及五次以上代数方程没有根式解,解决了一个悬疑300多年的难题.他满怀希望地将论文寄给当时的一些著名数学家,但有的没有看,有的只是浏览几行就将它丢进了字纸篓,有的则遗失了.高斯完全专心于自己的工作,也没有看这篇论文.当时阿贝尔作了一趟欧洲旅行,想以此文作为自荐,结果大失所望.他此行最大的愿望是拜访高斯,但高斯高不可攀,阿贝尔只好在从巴黎去柏林的途中痛苦地绕过了哥廷根. 1827年秋,阿贝尔发表了关于椭圆函数的第一篇论文,数月后高斯在给贝塞尔的信中说:"椭圆函数的研究,我从1798年就开始了,但综合工作仍未能完成,因为我必须先做其他的事. 据我看来由于他把所有过程写得既优美且清晰,因而省了我要做的三分之一的劳力. 他所采用的途径,和我在1798年开始时的途径完全相同,所有结果非常一致,不出所料. 更令我惊奇的是其表达形式以及某些符号的选法也都雷同,所以他的许多公式看起来像是'抄袭'我的. 为了避免误解,我也要声明,我从不记得曾和任何人讨论过这些东西."高斯这种私下赞赏同时又表白自己才是先创的方式,后人曾有非议,但他说的确是事实. 在高斯的遗稿中,可以发现许多以阿贝尔或雅可比命名的定理,其实早就被高斯发现了. 当然,高斯这样做虽可理解,但若能给年轻人以及时的公开支持和赞扬,那对数学发展的推动又将会多大.

纵观高斯一生,他在待人接物方面极力避免感情用事,厌恶争吵. 高斯从不参加公开争论,认为这种辩论很容易演变成愚蠢的喊叫,即使在有人议论他有剽窃他人成果的嫌疑时也能泰然处之. 例如,1809年高斯在《天体运动理论》中正式发表的最小二乘法,比法国数学家勒让德晚了三年,勒让德写信给高斯,批评他发表了别人已发表过的结果. 对此高斯并未拍案而起. 当时拉普拉斯出来做和事佬,1812年高斯写信给拉普拉斯说,他从1802年以后几乎每天都用此法来计算新的行星轨道,而且还和一些朋友讨论过,1803年和奥尔伯斯的讨论就是一例. 勒让德和高斯的科学争论从未公开化,史实证明,最小二乘法的确为高斯最先发现,而勒让德最先公开发表,优先权属于勒让德,但荣誉属于双方.

知恩图报是高斯可贵的个人品德. 他始终不忘费迪南德公爵的恩情,对恩人惨死在拿破仑军队手下一直耿耿于怀,因而也拒不接受法国大革命的信条和由此引发的民主思潮. 纵观其一生,他对政治变革或激烈行为都持旁观或保守态度,他的学生都称他为保守派.

高斯一生酷爱语言文学,且造诣深厚. 除母语德语外,高斯精通英语、法语、俄语、丹麦语,对意大利语、西班牙语和瑞典语也略知一二,他能写一手流利、典雅的拉丁文,他的私人日记是用拉丁文写的. 高斯很喜欢文学,对德国文学和哲学很在行,他把歌德的作品遍览无遗;高斯50岁时开始学习俄语,部分原因是为了阅读普希金的诗作,他的藏书中有75卷俄文书,其中有8卷是普希金写的;在法国古典作家中,高斯爱看蒙田、卢梭等人的作品;由于性格的关系,他希望故事以喜剧收场,不爱看莎士比亚的悲剧,但在他的座右铭中有一条选自《李尔王》中的两行诗:大自然啊,我的女神,我愿为你献身,终身不渝. 高斯最钦佩的英语作家是司各特爵士,几乎阅读了他所有的作品. 有一次,他在司各特书上看到"满月是从西北方向升起来的"错误描述,不仅在自己的书上把它纠正过来,而且跑到哥廷根书店把所有未售出的书都改了,就像在对数表中发现了一个错误一样. 高斯所处的时代,正是德国浪漫主义盛行的时代,受时尚的影响,高斯在其私函和讲述中,充满了美丽的词藻. 他说过:"**数学是科学的皇后,而数论是数学的女王.**"那个时代的人也都称高斯为"**数学王子**".

图23 高斯纪念碑(不伦瑞克)

高斯不喜欢浮华荣耀,但在他成名后的五十年里,获得过 75 种形形色色的荣誉,包括 1818 年英王乔治三世赐封的"参议员",1845 年又被赐封为"首席参议员"等等. 在流通最广泛的德国 10 马克纸币上印有高斯的肖像(图 26),能够享有如此殊荣的数学家另外还有英国的牛顿、瑞士的欧拉和挪威的阿贝尔. F. 克莱因曾评价高斯说:"**如果我们把 18 世纪的数学家想象为一系列的高山峻岭,那么最后一个使人肃然起敬的巅峰便是高斯.**"洪堡曾问法国大数学家、力学家拉普拉斯:"谁是德国最伟大的数学家". 拉普拉斯回答是"普法夫",洪堡惊愕地问:"那你认为高斯如何?"拉普拉斯说:"**高斯是全世界最伟大的数学家!**"

高斯曾被形容为"**能从九霄云外的高度按照某种观点掌握星空和深奥数学的天才.**"过人的直觉,超强的计算,严密的推理,精细的实验能力的和谐结合使得高斯出类拔萃,他是将理论与实践、应用和发明创造紧密结合的典范. 人们通常认为,这样罕见的数学天才只有阿基米德和牛顿才能与他相提并论.

图24　高斯纪念碑(柏林)

图25　高斯胸像（哥廷根大学图书馆，1855）

图26　印有高斯肖像的10马克货币

图27 高斯逝世百年纪念邮票

参 考 文 献

[1] Hall T. Gauss. New York: Cambridge, 1970.

[2] Bühler W. K. Gauss: A Biographical Study. New York: Springer-Verlag, Berlin: Heidelberg, 1981.

[3] Dunnington G. W. Carl Friedrich Gauss: Titan of Science. Washington D. C.: The Mathematical Association of America, 2004.

[4] M. 克莱因. 古今数学思想(第三册). 上海:上海科学技术出版社, 2002.

[5] 吴文俊等. 世界著名数学家传记. 北京:科学出版社, 1995.

[6] Tord Hall. 高斯:伟大数学家的一生. 田光复等译. 新竹:凡异出版社, 1986.

[7] 周明儒, 苗正科. 文科高等数学基础教程(第2版)教学辅导书. 北京:高等教育出版社, 2009.

注 本书图片出处: 扉页、图5、26、27选自互联网;图1、2、7、8、11、12、15—25取自[1];图9取自[2].

郑重声明

高等教育出版社依法对本书享有专有出版权。任何未经许可的复制、销售行为均违反《中华人民共和国著作权法》，其行为人将承担相应的民事责任和行政责任；构成犯罪的，将被依法追究刑事责任。为了维护市场秩序，保护读者的合法权益，避免读者误用盗版书造成不良后果，我社将配合行政执法部门和司法机关对违法犯罪的单位和个人进行严厉打击。社会各界人士如发现上述侵权行为，希望及时举报，我社将奖励举报有功人员。

反盗版举报电话　　（010）58581999　58582371
反盗版举报邮箱　　dd@hep.com.cn
通信地址　　北京市西城区德外大街4号　高等教育出版社法律事务部
邮政编码　　100120

读者意见反馈

为收集对教材的意见建议，进一步完善教材编写并做好服务工作，读者可将对本教材的意见建议通过如下渠道反馈至我社。

咨询电话　　400-810-0598
反馈邮箱　　hepsci@pub.hep.cn
通信地址　　北京市朝阳区惠新东街4号富盛大厦1座
　　　　　　高等教育出版社理科事业部
邮政编码　　100029